U0452900

YOUR
FUTURE SELF

终局思维

站在未来
设计你的当下

[美] 哈尔·赫什菲尔德（Hal Hershfield）/ 著

冯颙 / 译

How to
Make
Tomorrow
Better
Today

中信出版集团 | 北京

图书在版编目（CIP）数据

终局思维：站在未来设计你的当下 /（美）哈尔·赫什菲尔德著；冯颙译. -- 北京：中信出版社，2025.1. -- ISBN 978-7-5217-7173-2

I. B804

中国国家版本馆 CIP 数据核字第 2024XA9768 号

Copyright © 2023 by Hal Hershfield
This edition published by arrangement with Little, Brown and Company, New York, New York, USA. All rights reserved.
Simplified Chinese translation copyright ©2025 by CITIC Press Corporation
ALL RIGHTS RESERVED
本书仅限中国大陆地区发行销售

终局思维——站在未来设计你的当下

著者：［美］哈尔·赫什菲尔德
译者：冯颙
出版发行：中信出版集团股份有限公司
（北京市朝阳区东三环北路 27 号嘉铭中心　邮编　100020）
承印者：北京通州皇家印刷厂

开本：880mm×1230mm 1/32　印张：9.25　字数：191 千字
版次：2025 年 1 月第 1 版　印次：2025 年 1 月第 1 次印刷
京权图字：01-2024-5853　书号：ISBN 978-7-5217-7173-2
定价：69.00 元

版权所有·侵权必究
如有印刷、装订问题，本公司负责调换。
服务热线：400-600-8099
投稿邮箱：author@citicpub.com

感谢珍妮弗、海斯和史密斯,
你们是帮助我庆祝现在和未来的朋友。

目录

推荐序一　关于自我的管理学和金融学 / 吴伯凡　　VII
推荐序二　为未来的自己铺平道路 / 袁希　　XIII
推荐序三　确保每一步都在朝着终点前进 / 张丽俊　　XV
序言　　XIX

第一部分
心理时间旅行：当穿越时空时，我们是谁？

第一章　时间流逝，你会一直是"一样的"吗？　　3
从囚犯到重新做人　　4
忒修斯之船　　8
你现在还和 8 岁时一样吗？　　10

你的身体决定不了你是谁 15

你的记忆决定不了你是谁 17

答案可能是道德品质 18

第二章　未来自我：模糊而又陌生　　23

为人父母后我还是我吗？ 25

哲学家的争论：关于自我 27

如何看待未来自我为什么重要？ 31

生日实验：20年后的自己像是陌生人 34

比起他人，大脑更关心"自己" 36

感知怪癖：无法看清未来 40

把未来自我当作陌生人，很糟糕 41

第三章　与未来自我建立积极联系　　45

永生的前景 46

极端情境下的思考 47

测量你和未来的"你"的关系 49

决策、行为与投资 52

更高的心理健康水平 55

因果关系的讨论 58

与未来连接，超越现在 59

第二部分

思考未来：我们容易掉入的思维陷阱

第四章　被放大的当下　　69
我们被锚定在当下的感觉上　　72
价值贴现　　73
当下的选择与理想中的相反　　75
偏好逆转：一种认知陷阱　　77
一只紧抓在手的麻雀胜过千只飞鸟　　79
当下更易被感知　　81
时间观念的"扭曲"　　85
什么是"当下"　　87

第五章　会思考，但不够深入　　93
用不深入的方式思考未来　　95
想让未来的自己去做当下想逃避的事　　97
原谅过去懒惰的自己　　98
对未来的感受没有今天的这么饱满　　102
从另一个人的视角预测未来　　103
"是的 – 可恶效应"　　106

第六章　过于依赖当下的偏好做决策　　115

一时的冲动不会带来长久的快乐　　117

一个案例：迈阿密毛衣　　119

预测偏差是什么　　120

预测偏差的常见错误　　122

过去的变化大，未来的变化小　　127

历史终结错觉：看不到自己将在未来继续改变　　129

控制一些结果，而不是所有结果　　131

回到开始　　136

第三部分

设计当下：让明天比今天更好

第七章　拉近未来：促进当下与未来对话　　141

进入虚拟未来　　143

个体比集体更能引起同情　　145

看见"年老"的自己　　148

遇见未来的你　　151

"亲爱的未来的我"：致未来的信　　156

高中的时光胶囊　　159

第八章　对未来做出承诺并坚持　　165

一个案例：酗酒的詹姆斯·坎农　　166

总有一个当下的"你"符合未来的期待　　169

事先承诺机制　　170

了解什么样的承诺机制是对自己最有效的　　173

移除所有的诱惑选项　　176

增加适当的惩罚　　182

着陆　　186

第九章　让当下的决策变得更轻松　　189

享受美好，承受残缺　　191

"好坏兼收"：在不适中寻找快乐的体验　　193

诱惑捆绑　　197

化大为小　　201

庆祝当下　　205

后记　　213

致谢　　217

注释　　223

推荐序一　关于自我的管理学和金融学

吴伯凡

新物种研究院院长，商业思想家

一

终局思维是现代管理学未曾言明的基本共识。

管理学的创始人德鲁克多次提到青少年时代他受到的一种令他受益匪浅的训练——为自己写墓志铭。这其实是欧洲贵族教育的一个重要传统（比如普希金 16 岁在皇村中学读书时就写过《我的墓志铭》）——让一个初涉人世的少年想象自己站在生命的尽头回望一生，郑重地给自己写下评语，也就是写下自己一生最终的目标和期待。

为自己（提前）写墓志铭，无非是以场景化的方式回答合二而一的问题：我一生压倒一切的终极目标是什么？我希望后世怎么记住我？持续书写、更新墓志铭的经历，让德鲁克感悟到管理的真义：管理的本质是目标管理（management by objectives），即"(由)目标(来)管理"。所谓管理,就是克服行为的随机性、混沌性和无果性,实现行为的积累性、有序性和有效性。其中的关键,就是目标的有无。设立最终目标,持续地以这个目标来规范、调节、牵引当下的行动,避免有限资源(时间、金钱、精力)在"大水漫灌"中迅速耗散,最终卓有成效地达成目标。我们可以把糟糕的管理想象成一艘无舵之船,但最糟糕的管理则是既有舵也有舵手,而舵手是一个"勤奋"却无固定目标的人——他必定让这艘船陷入灾难性的境地。真正的"管理者"并不是人,而是目标。我们通常称为管理者的人,其真实的身份是"目标的执行者",即 executive(随着德鲁克目标管理理念深入人心,美国商界不再把管理者称为 manager,而是称为 executive,"总经理"被称为"首席执行官")。

不难看出,德鲁克管理思想核心的目标管理,底层就是"终局思维"。

二

当代最具影响力的商业哲学家查尔斯·汉迪也一再强调终局的重要性。在他看来,很多耀眼的成就和作为都是无价值、空洞的(如同一件挂在雨中无人穿的雨衣),而一些并不引人注目的人和事反而是富有价值、卓有成效的。

他是在一场重大的人生体验中洞察到了"终局"的意义。查尔斯·汉迪年少有为,在英国读完大学后进入壳牌石油公司工作,后来到麻省理工学院斯隆管理学院学习。当时的他不理解自己的父亲为什么甘心做一个乡村牧师，直到父亲的葬礼才让他彻底改变了这一认知。当他紧急地从海外赶回家乡参加父亲的葬礼时，他看到的是人山人海，所有的道路都被堵塞。他问发生了什么事，旁边有人哽咽地告诉他："我们最尊敬的人离开了我们。"汉迪感受到了一种从未有过的震撼："一个人无论多么有权或富有，他是否真正成功，都得看他的葬礼上有多少人是不请自来的。"葬礼是人生的终局，一生的价值都得由它来衡量。

德鲁克心中的"墓志铭"，汉迪所说的"葬礼"，都在提示我们：管理，无论是组织管理还是个人管理，都是以终局为前提和参照系的管理。

三

不管多么努力地让自己相信"活在当下"的说教，我们都不能否认一个事实：人都是"心理的时间旅行者"，我们都是在一个由过去、现在、未来三个维度构成的坐标系里生存。"你从哪里来，要到哪里去"在相当程度上决定了"你是谁"。对过去的记忆和解释，对未来的想象和设计，在相当程度上决定了你对当下场景的感知和识别，决定了你将做出怎样的决策和行动。

完全"活在当下"只有两种情况：一种是完全失忆——对自己所有的身份信息和个人经历完全遗忘；一种是彻底疯狂——思维、语言、行为完全处于奔逸与随机状态。二者之外的状态，叫

"正常状态",在正常状态下,我们都只能是"心理的时间旅行者"和"未来目标的执行者"。

每个人当下的行为和思想都要受到关于未来的想象与规划的暗中掌控、约束和塑造,但《终局思维》的作者反复提醒读者,每个人的当下与未来连接的品质有着巨大差异。对多数人来说,当下自我与未来自我间的关联相当微弱,就像两个联系稀少甚至几乎从不见面的远亲。

如果当下自我与未来自我一直处于这种弱连接状态,未来自我的灯塔就难以引领当下自我,当下自我就会在日益明显的"布朗运动"中迷失。李宗仁说过,如果一个人不是从1岁活到80岁,而是从80岁活到1岁,那么世界上三分之二的人都可以成为圣人。他的意思是说,看到了终局的自我如果返回到当下,当下的自我就能活出高品质和高成色。其中的关键,就是两个自我处在高带宽连接的状态,几乎能实现同步。

"未来自我"是这本书的基本概念。在当下自我与未来自我之间,是一片被随机性、不确定性笼罩的未知地带。日常生活充满着各种随机的意图和打算,无数身不由己、随波逐流的忙碌和挣扎,最终呈现的可能是一派混沌的"布朗运动"。用莎士比亚的话说,就是"充满着喧哗与骚动,却全然分辨不出半点意义"。

但熵增(持续地陷入混沌)并非未来自我的宿命。人是可以通过持续的能量输入实现熵减的。未来自我虽然最初只是一种想象和设计,但只要管理得当,对未来自我的叙事可以逐渐成为一种特别的能量,来为当下赋能、赋形,让当下自我成为未来自我附体的自我。

未来自我之于当下自我，如同海岸的灯塔，时时刻刻引领、校正着船只的航行。但有一个前提：它能够被看到。如果离它太远，或者它的光亮不足，船只就会迷航。

作者时不时以金融的视角看待自我管理。金融可以被理解为一种"价值的时间旅行"。信贷就是将存在于未来的价值"运送"到当下，利息就是其路费和运费，或者叫未来价值的贴现成本。正是凭着一种特别的叙事和契约，相对弱小的当下就可以被未来赋能并增强。

借助于虚构、设想出来的未来自我，当下自我可以虚实相生、有无相成地逐步成长，最终借假修成真。这听起来是不是有点耳熟？你可能早就心生质疑了：这种说法与"心想事成"的鸡汤有何区别？

区别是有的，而且是实质性的。这本书关于未来自我和终局思维的探讨是一种关于自我的管理学和金融学。对于管理和金融，流程的重要性是不言而喻的。当下自我与未来自我之间，存在着索罗斯所说的反身性——相互映射，相互放大，相互增强。但反身性得以实现，是有一套切实可行的操作流程的，绝不如鸡汤作者许诺的"心想事成"那么简单。现状与目标之间，当下自我与未来自我之间，有一条巨大的鸿沟。这本书详细地告诉你，如何在这条鸿沟上架一座桥。真要建成这座桥，读完这本书显然不够，但懂得了终局思维和未来自我，已经是一个重要的开始。

推荐序二　为未来的自己铺平道路

袁希

水卢教育科技投资人，艺圆美术创始人兼首席执行官

我们常说：今天的选择决定明天的生活。然而，很多时候，我们在追求短期满足的过程中，忽视了对未来的思考，甚至对未来的自己感到陌生。《终局思维》正是一本帮助我们跨越心理时间距离，做出更好决策的书。作者哈尔·赫什菲尔德通过科学研究成果和实用思维工具，向我们展示了如何通过理解"未来的自己"，为当下的每一个选择注入更多的理性和远见。

这本书具有特别重要的现实意义，尤其是在当今的中国社会。我们正经历着经济环境的低迷和就业市场的激烈竞争。对中年人而言，如何在事业与家庭中找到平衡，如何规划职业转型和财务安全，已成为不得不面对的重大问题；对青年人，尤其是大学生来说，如何选择职业方向，如何提升个人竞争力，如何在短期利益和长期成长之间权衡，也是一生中至关重要的选择。然而，无论身处哪个人生阶段，做出正确的选择都离不开对未来的深刻思考。

赫什菲尔德的研究揭示了一个发人深省的事实：在我们的大脑中，未来的自己就像陌生人一样。正因为如此，我们往往更倾向于追求当下的舒适，而将未来的幸福搁置一旁。而这本书通过具体的方法，比如与未来的自己通信、让未来的自己变得可视化、与未来的自己建立心理联系，帮助我们将未来的自己变得"真实可见"。这种转变，不仅能让我们更清楚地意识到每一个当下的决策会产生的影响，也能让我们在面对生活的复杂选择时更有信心和方向感。

读完这本书，我深刻感受到它为我们提供的诸多思维工具，如延迟满足的训练、时间分割技巧和与未来自我建立情感联结的方法都十分有效。这些工具不仅简单实用，也能让我们在生活的方方面面终身受益，帮助我们在迷茫中找到方向，在焦虑中找到行动的力量。无论是规划职业路径、调整消费习惯，还是培养长期健康的生活方式，这本书都提供了具体可行的框架，真正让未来的幸福变得触手可及。

在这个充满不确定性的时代，《终局思维》为每一个面临重大决策的人提供了思考的框架和行动的指南。希望每一位读者都能通过它，为未来的自己创造更多可能性，也为今天的自己找到更多信念与希望。

推荐序三　确保每一步都在朝着终点前进

张丽俊

创业酵母创始人，知名组织创新专家，

《组织的力量》一书作者，拉姆·查兰管理实践奖得主

在这个快速变化的时代，成功的企业和个人往往都具备一种共同的思维——终局思维。它不仅是战略规划的基石，更是帮助你实现长远目标的指南。

终局思维是一种以未来为导向的思考方式，要求你站在未来的角度审视当前的选择和行动。它强调在制定目标和策略时，先想象成功的终局，再倒推回现在应采取的行动。这种思维方式帮助你保持长远的眼光，避免被短期的困难和挫折所迷惑。

提及终局思维，绕不开围棋。在围棋领域有三个常见术语，分别是本手、妙手和俗手：本手即合棋理的正常下法；妙手即出人意料的精妙的下法；俗手即很平庸的下法，落子会让自己受损。下棋要避免下俗手。很多人都喜欢追求妙手，想要剑走偏锋，能够一招取胜，但这种方法很容易失败，因为你只顾着巧，而忽略了布局，忽略了环环相扣。那些真正厉害的围棋高手都不下妙手，他们追求

的恰恰是本手。

韩国围棋高手李昌镐不追求妙手，专注下好本手，每步棋只求51%的胜率，也就是所谓的半目胜，每一步比别人胜一点点，最后就能赢得胜利。这就是通盘无妙手，背后体现的是终局思维。能看到终局是非常重要的。看得比别人长远，下的每一步棋都是在努力提高赢的概率。

在《终局思维》这本书中，作者详细阐述了终局思维的重要性，并通过丰富的案例和实用的方法，告诉你如何在生活和工作中应用这种思维方式。书中提到，无论是个人职业发展还是企业经营，都需要有清晰的终局目标。只有明确了最终的目标，才能更好地规划路径、分配资源，确保每一步都在朝着终点前进。

对企业管理者而言，终局思维尤为重要。做企业一定要知道终局在哪里，比如我在组织大课中提到的"点线面体"：未来10年，你到底是要开一家店、做一个产业龙头，还是做一个超级平台？管理者也需要终局思维，如果你是销售管理者，你的目标是什么，想要达到多少市场占有率？这时候你就要根据你的终局，倒推出你的策略和方法。一个具备终局思维的管理者，能够在复杂多变的市场环境中迅速做出决策，带领团队应对各种挑战。

在个人成长方面，终局思维同样具有重要意义。你要去思考自己会成为什么样的人，看到自己的终局；再去思考要达到终局，应该做些什么。通过终局思维，你能够更加清晰地认识到自己的优势和不足，从而有针对性地进行提升和改进。值得一提的是，《终局思维》还提倡系统化思维，这要求你在考虑问题时不仅要看到局部，更要看到整体；不仅要看到现在，更要看到未来。通过系统化思维，你能够更好地理解事物的本质，把握发展的规律，从而做出更加明智的决策。

在我看来，想要用好终局思维，长期主义也非常重要。好的领导者一定是一个长期主义者。在工作中，一次取得胜利，突然开了一个大单，可能是运气。这时，领导者就要带团队做好复盘，复盘个人，复盘团队，复盘做了哪些事开了单，从而巩固自己的优势，本质上追求长期做好。

这是一本值得每一个追求长期成长的人阅读的书。无论你是企业管理者还是职场新人，无论你是在创业还是在寻求职业发展，这本书都能为你提供宝贵的启示和指导。通过阅读这本书，你将学会如何运用终局思维，制订更加科学合理的计划，使你的人生变得更好。

序言

试想一下，你穿过一片茂密的森林，紧接着，突然发现自己站在一扇厚重的铁门前。门上挂着一块很朴素的牌子，上面写着一行字——"通往未来的道路"。在门的另一边，一条砾石路蜿蜒着通往森林深处。带着一丝好奇，你决定走过去看看。

于是你打开了这扇门，沿着小路一直朝前走。你很快就感觉到空气比几秒前凉爽了很多。没过多久，你来到了20年后你居住的那个社区。你回到家，看到有人从屋里走出来，这时你发现自己盯着的是……你自己，或者说，是20年之后的你。你身上已经有了明显的岁月痕迹，比如你的腰间多了一圈赘肉，脸上多了些许皱纹，步履也有些蹒跚。

见到这个未来的自己，你脑袋里应该充满了各种各样的问题，就像遇见一个多年未见的老朋友，但你不知道应从何问起。

你肯定会问你的配偶和孩子们现在怎么样了，还会谈论这个世界发生了什么惊人的变化，更不用说20年来积累的各种八卦了。排在问题清单前面的可能是关于健康、金钱、职业和个人幸福感的问题。你从生活中体会到了什么？有什么值得说道的地方吗？你在哪里找到了意义和快乐？你有什么遗憾？有什么失望的事情吗？到现在为止，有什么值得讲述的事情或者故事？

不过，等一下，在开始对未来的自己刨根问底之前，你是不是应该花点时间考虑一下这些问题：你到底有多想知道你这未来的20年？有没有什么方面是你希望保密的？最重要的是，当你通过那扇大门回到现在时，你与未来的自己的对话将如何改变你今天的思维方式和生活方式？

其实我刚刚描述的场景来自美国星云奖得主姜峰楠的中篇小说《商人和炼金术师之门》。[1]正如这篇小说名字所暗示的那样，作者通过一个商人的口吻，描述了他去拜访一位拥有魔法之门的炼金术师的故事。这扇门可以让过去、现在和未来的自己相遇。虽然这是一个科幻故事，但我还是把它作为阅读作业，布置给了我在加利福尼亚大学洛杉矶分校市场营销和行为决策专业的学生们，同时我还急不可待地告诉我的朋友和家人一定要读一读这篇小说。

我之所以这么做，是因为这个故事十分精彩而生动地解释了时间旅行的概念。其实人们相当擅长时间旅行，当然，并不是通过无数科幻小说所展现的那种方式，而是在我们的脑海中实现。

而且最神奇的地方是，其实你早已穿过了那扇魔法之门。

---

[1] 该小说收录于《呼吸》（译林出版社，2019年），作者特德·姜，华裔科幻作家，姜峰楠是作者给自己起的中文名。——编者注

当神经成像研究还处于很早期的阶段时,研究人员经常把时间花在研究一些基本但至关重要的问题上。其中的一个问题是:当我们在休息时,特别是在不想任何事情时,我们的大脑都在干什么?参加实验的志愿者被要求静静地躺在类似扫描仪的仪器中,然后让他们的大脑进入休息状态。进行这项早期研究的科学家一开始是期望大脑不活跃时看起来像一张白板,就像你刚刚关掉电视时的样子。然而,他们却发现了一种现在被称为"默认网络"的东西。[2]

比如,当我们想到正在做的演示文稿时,这个默认网络就被激活了……进而让我们想到这次演讲对我们的职业前景意味着什么……进而让我们想起好像忘了给同事发关于这次演讲的研究报告,尽管之前承诺过给他们……进而又让我们想起今天就要跟进的其他事情。突然,我们就想起了下周要给父亲买生日贺卡,然后我们就开始回想在自己成长的过程中,他是一个怎样的父亲。片刻之后,我们就会畅想10年后,当孩子进入青春期时,我们可以教给他们的又是什么呢?

在几秒钟的时间内,我们的思想可以从现在转到近期或遥远的未来,然后回到现在,再回到过去,再跳转到遥远的未来。这就是所谓的心理时间旅行。做到这件事是如此轻松,以至于我们常常忽略它的重要性。休息时,我们的默认网络就会跳出来,支持这样的心理时间旅行。正如史蒂文·约翰逊在《纽约时报》上所写的那样,我们拥有的这种时间旅行的技能,可能是"人类智慧的决定性属性"。[3]心理学家马丁·塞利格曼和他的写作伙伴约翰·蒂尔尼则进一步声称,正是这种"思考未来的能力"让我们与其他物种有所不同。"因为我们思考未来前景，所以我们能够脱颖而出。"[4]

我们会愿意参与这种时间旅行，比如肖迪·拉赫巴尔。2020年5月6日，她坐在桌前写了一封信，讲述了她生活中的人际关系和她对幸福的追求。不过，这不是一篇普通的日记，也不是写给密友的信，而是一封寄给自己的信，这封信要一年后才会送到。拉赫巴尔是那天写了信的18000人中的一员，他们都在非常受欢迎的平台FutureMe上给自己写了信。今天，这个平台的用户总数已经超过1000万，它是以时间胶囊活动为原型的。[5] 时间胶囊就是把信件、图片、纪念品和其他物品存储在一个小盒子里，然后埋起来，等到5年或10年后再挖出来，我们许多人在小学时都会做类似的事。

FutureMe上的信件记录了各种各样的情感和不同的话题。比如，有些人对未来的大方向充满了焦虑（"我好害怕，太害怕了，人生有那么多条路可以选择，我不知道哪一条适合我。"）；[6] 有些人会对未来的自己给予鼓励（"但我想让你知道……我一直在这里为你加油。"）；[7] 还有一些写得很有趣（"亲爱的未来的我，想知道你和我的区别吗？你老了。"）。[8]

这种在高中一年级给自己写信，然后在毕业时再送给自己的仪式，在新冠疫情期间获得了巨大的流量。我猜想，许多人在那时比以往任何时候都更好奇未来会怎样，而且人们想利用生命中短暂的停顿和反省来试着改变未来的自己，这种需求在那时比以往任何时候都要强烈。

FutureMe的创始人马特·斯莱告诉我，他创办这个网站，是因为他在上小学的时候给20岁的自己写了一封信，可是他却很失望,因为他 20 岁时没有收到这封信。难道他以前的老师忘了寄给他了吗?如果能够让现在的自己和未来的自己沟通,会是什么样子?他的网站成功启发了我们所有人的好奇心。虽然这是斯莱的一个副业,而且他当时还没有营销预算,但 FutureMe 的流量从 2019 年的每天约 4000 封信,激增到一年后的每天多达 2.5 万封信。人们都试图对自己的生活产生新的看法,并与未来的自己建立某种联系。仅 2020 年一年就有 500 多万封信件在网站上发给未来的自己,很显然,了解未来会发生什么对我们很多人都颇具吸引力(不过正如我将在第七章所深入探讨的,写信只是表达这种愿望的其中一种方式)。

我的研究重点聚焦在理解这种时间旅行的能力。虽然这一切只发生在我们的脑海中,但是我会关注这种能力如何帮助我们管理情绪,以及在重要的事情上做出更好的决定。比如我们的财务状况或健康状况,因为这两个方面往往是我们的当前需求与长期愿望最容易产生冲突的地方。我们想要一辆稍微超出预算但是品质更好的车,我们想要一杯加量的鸡尾酒或一块看起来更美味精致的甜点。可是,这时有另外一个声音冒出来:我们也希望自己经济稳定、身体健康。

通过加强与过去、现在和未来的自己的联系,我们可以从一个全新的角度来看待什么是重要的事情,进而帮助我们创造想要的那个未来。从本质上说,这就是本书的主要观点之一。

不能因为这种时间旅行仅仅发生在我们的大脑中,就认为它不能改变现实。你对未来的看法,会对现在的自己和未来的自己都产生巨大的影响。

好吧，说了这么多，我说的这个"未来的自己"到底是什么意思？常识告诉我们，我们一生都应该只有一个自我。毕竟，我们会一直沿用自己的姓氏，保留我们的记忆和大部分的好恶。当然，我们的细胞会自我更新，行为方式会不断变化，朋友圈会发生改变，脸也会变老，但"我们就是我们"。我的研究说出了一个不一样的故事：在我们的内核中，其实并没有一个中心自我，与之相反的，我们是一个又一个独立而截然不同的自我所产生的集合。作为读者的你，其实是一个"我们"的集合，而不是只有一个"我"。

想想我们不同的生活方式：我们有一个晚上的自己，这个自己经常熬夜看电视；我们也有一个早晨的自己，这个自己会遛狗，或去健身房锻炼，或焦虑地期待着一天中将要发生的事情。从更广的角度说，我们能清楚地看到现在的自己，那个正在工作，或正和同事、朋友在一起的自己。我们也记得一个不一样的自己，一个10年前的自己，那时我们还在上学，或者刚刚进入职场。我们还可以很容易想象10年或25年后的自己，那时的自己会拥有更多经验、技能和更成熟的情绪状态。

当开始思考未来的自己时，我们进行这种时间旅行的细节会产生很大的影响。如果我想在未来5年都保持健康和身材，这样我才可以继续和我的孩子们开心玩耍，那我可能就会想象一个比现在大5岁的自己；但是，从现在到5年后的这段时间里还有很多未来的自己。正如一些心理学家所说，真正重要的是未来的那个自己是否有一些方面与今天的自己的所作所为是息息相关的。[9] 例如，我想让自己变得更健康，所以我需要明天早上一起床就去跑步。对我来说，虽然明天早上的那个自己并不像5年后的自己那么陌生，但我可能也很难感受到明天早上的那个自己的真正感受（而且当我把闹钟定在早上5：30的时候，他很可能就根本不想和我接触了！）。为了能够起床去跑步，我得考虑一下明天早上的那个我的感受——他会不会很累，昏昏沉沉，不想起床？换句话说，我怎样才能让明天的自己保持动力呢？如果我把咖啡机设定在早上5：25开机，这样能行吗？

所以重要的是，我们需要学习如何有效地通过心理时间旅行改善我们的想象力，以及对待不同的未来自我的方式，只有这样，我们才能真正创造一个更美好的未来。

那些慈善机构的营销人员常常教育我们，把需要帮助的人塑造得越生动，人们就越有可能为他们捐款。那我们能不能让人们以同样生动的方式，去思考他们未来的自己？

我的研究提供了一种解决思路：我向人们展示他们未来自己的样子。我们给参与者拍了一些他们面无表情的照片，然后用一个软件去生成他们的数字虚拟形象。接下来，我们模拟了这些人随着年龄增长而发生的一些有趣的事情，比如他们的头发更灰白了，耳朵更下垂了，眼袋也变得更大了。

我们尽可能让这种体验变得真实。通过使用虚拟投影的方式，参与者可以通过一面虚拟的镜子遇到未来的自己：一半参与者看到的是现在的自己，另一半参与者看到的是未来已经有些衰老的自己。体验完毕后，我们让参与者填写调查问卷。那些面对未来的自己的人，最终会把更多的钱存入一个假想的储蓄账户，而没有见过未来的自己的人，则没有这样的表现。[10] 在这个测试之后，我还对数千人进行了同样的干预测试，记录下他们如何对待自己挣来的血汗钱。[11]

这只是一种可能的解决方案，但我们也可以从中学到更重要的事情：为了能在今天做出更好的决定，以便创造更快乐的明天，我们需要找到方法，缩小当下自我和未来自我之间的差距。我们需要让心理时间旅行变得容易些，让我们更容易穿越那扇魔法之门。这就是本书写作的目的。

我的目标不是发明一种时间旅行机器，而是让人们更好地理解他们应该如何看待自己的一生。本书的第一部分阐述了这段旅程背后的哲学和科学依据。想要穿越到遥远的未来，我们至少要先在脑海中实现穿越，我希望能让你相信，未来的自己可能是现在的自己所衍生出的不同版本。我们天生追求永恒与一致，所以如果我说随着时间的推移，我们有很多不同的自己，这个想法有可能令人不那么舒服。不过我坚持认为，意识到未来的自己是由许多完全不同的人聚合到一起的，这个想法是令人欣慰的。如果我们能把那些遥远的自己当作我们亲近的人、关心的人、爱的人、想要支持的人，那么我们就能够开始为他们做出决定，明显地改善我们现在和未来的生活。

我们也可以用未来的自己，即"他者"的想法，更好地理解为什么我们总是达不成目标。这是本书第二部分的重点。在这一部分中，我会强调三个我们常犯的心理时间旅行中的"错误"。我们可能"错过了航班"，也就是过于关注当下的问题，以至于根本不去考虑未来。我们准备了"糟糕的旅行计划",也就是以某种肤浅的方式去思考未来,而没有深入考虑未来会是什么样子。最后,我们"带错了衣服",也就是过分依赖现在的自己的感受和环境,并把它们投射到未来的自己身上,而事实上,未来的自己很可能会有完全不一样的感受。

当然,认识到我们的错误是一回事,采取相应措施却是另一回事。因此,本书的最后一部分是关于解决方案的——找到使当下和以后的旅程更加顺利的方法。这意味着,我会关注如何让未来的自己能够更靠近现在的自己,以及保持我们旅程方向的方法。不过,创造一个更美好的明天不应令当下充满痛苦,所以我也强调了一些技巧,让我们今天的牺牲更容易一些。而且同样重要的一件事情是,偶尔犒劳一下自己,才能创造更好的今天和明天。

在姜峰楠那部科幻小说的最后,那个商人失望地发现,穿越魔法之门并不能让他改变未来。不过正如炼金术师所说的那样,通过时间旅行,他至少了解了未来。

我们可以做到不只了解,因为当我们思考未来自我的可能性时,我们就可以真正为他们计划,塑造他们,并最终改变他们。

你的命运远非注定,完全不是。

第一部分

心理时间旅行

当穿越时空时,
我们是谁?

第一章

时间流逝,你会一直是"一样的"吗?

佩德罗·罗德里格斯·菲略出生的时候头骨就有凹陷。这一伤害是他父亲造成的,他父亲有暴力倾向,在他母亲还怀着他的时候痛打过她。无论是先天基因还是后天影响,都造成了佩德罗有暴力倾向的事实。暴力行为成为佩德罗生活的重要组成部分,这也导致他最终成为20世纪最可怕的连环杀手之一。

为什么我要用一个男人变成现实版德克斯特①的故事作为开始,来写一本关于提高长期幸福感的书?答案是,佩德罗现在的样子和他曾经的样子已经大不相同了。他的人生轨迹揭示了一个关键问题:是什么最终决定了我们会成为什么样的人?换句话说,我们如何在未来活出现在自己想要的样子?这个问题不仅适用于佩德罗这样的极端群体,也适用于我们普通人。

---

① 美剧《嗜血法医:杀魔新生》的主角。——译者注

从囚犯到重新做人

1966 年，13 岁的佩德罗被一位堂兄打了一顿。在同龄人中，佩德罗的个子算矮的，而在这次打斗中败下阵来让他的家人和邻居的孩子们开始嘲笑他。为了报此仇，他一直等待机会，直到有一天，他和堂兄在他们祖父的工厂一起工作时，他把堂兄推向了甘蔗压榨机。虽然他的堂兄保住了性命，但是机器已经把他的胳膊压得严重错位。

一年后，老佩德罗，也就是他的父亲，因为涉嫌偷窃学校商店的东西而被学校开除，丢了保安的工作。虽然老佩德罗发誓说是白班警卫干的，但还是于事无补。根据后来佩德罗的自传，他无法忍受自己的父亲被诬告，于是从家里拿了枪支和刀具，在树林里待了 30 天，一边寻找食物，一边盘算如何报复。回到镇上以后，他找到了解雇他父亲的人，也就是副镇长，并开枪打死了他。即便如此，他还是无法对父亲受到的不公正待遇释怀，于是他又找到了白班警卫，并朝他开了两枪，然后用家具和盒子盖住尸体，点了一把火都给烧了。

这只是他接下来许多残忍的暴力事件的开始。18 岁时，佩德罗为自己赢得了"斗牛士佩德罗"和"杀手皮蒂"（佩德罗的葡萄牙语昵称）的绰号。他在右前臂文上了"我为快乐而杀人"，在左臂文上了"我为爱而杀人"和已故未婚妻的名字。

当被执法部门抓获时，他被指控犯有 18 起谋杀罪，并被关进了臭名昭著的圣保罗监狱。在从看守所转到监狱的途中，他和一个连环强奸犯被一起关在警车后部，结果连环强奸犯在途中被他杀了。

到 1985 年的时候，佩德罗已经杀了 71 人，而且其中一个是他的父亲！他的刑期增加到了 400 年。但杀戮仍然没有停止。在被关押期间，他还需要对 47 名囚犯的死亡负责，但他声称这个数字超过了 100。被杀的都是一些极为可怕的罪犯，不过这并不能成为他实施暴力的借口。但是，能杀这么多狠角色也确实说明他有杀人的"天赋"。[1]

佩德罗在不迫害其他囚犯之后，开始执行一项严格的锻炼计划：学习阅读和写作，并回复一些粉丝的邮件。

21 世纪初，巴西政府意识到一个问题，这个问题不是"杀手皮蒂"一共迫害了多少囚犯，而是巴西的刑法是以巴西人均寿命 43 岁为前提制定的。根据巴西刑法，囚犯被囚禁的时间不得超过 30 年。

由于担心这个臭名昭著的罪犯被释放，法官通过努力发现了一个法律漏洞：囚犯在因原有罪行被起诉后犯下其他罪行的，刑期可以延长。然而，佩德罗对此提出上诉，结果他赢了。

这就是为什么在蹲了 34 年监狱之后，2007 年 4 月，他被释放了。他的刑期只比那时刑法规定的最高刑期多了 4 年。

巴西没有健全的刑满释放人员再社会化的项目。不过，佩德罗还是设法过上了一种安静得多的生活，他搬到了巴西偏远地区的一个粉色小屋里。然而，政府无论如何都想把他再送回监狱。2011 年，政府以佩德罗服刑期间引起骚乱为由再次逮捕了他。不过到 2017 年 12 月，他又被释放了。这一年他 64 岁，体态依然年轻，还坚持跳健美操，他在邻居的帮助下开了一个优兔频道，在线上分享励志故事和内容。

按照他的说法——不过这个需要仔细甄别——他已经很多年没有杀人了，也觉得没有必要再这么做了。一个曾经被诊断患有精神病的人，一个曾经杀了几十个人的人，一个现在过着（看起来正派的）苦行僧般生活的人，真的能够重新做人吗？

我决定问问他。

约他会面是不太容易的。我的翻译是一名会葡萄牙语的研究生，他很不愿意把自己的联系方式给一个被定罪的连环杀手，所以他先用化名为自己创建了一个新的电子邮箱，然后安排了我们线上会面的时间。当时正值新冠疫情期间，考虑到我和妻子都在家工作，我征得她的同意，可以在家中的办公室线上通话，以免我被打扰。但是，我们线上会面的时间一直被推迟，直到我妻子因为自己的工作也需要使用这间办公室，我也没能和他通上话。（我妻子是一名儿童心理学家，正准备为一个需要帮助的孩子进行远程治疗……而我也不得不承认，这件事的优先级很难放在我采访佩德罗这件事之后。）

最终，我发现自己只能坐在儿子婴儿床对面的摇椅上，与巴西最著名的连环杀手交谈。我首先问佩德罗的是，他是否认为自己在某些地方和年轻时的自己是一样的，还是说恰恰相反，他已经从根本上变得不同了。

他的回答毫不含糊："我对曾经的那个自己感到恶心，我认为自己现在已经是一个全新的人了。"

不过我想知道的是,他是不是在某个特定的时刻开始意识到自己已经脱胎换骨。他回答说,整个过程是循序渐进的,不过,还是有一个特殊的事件让他开始转变。

当他在几个牢房中被来回转移的时候,有三名囚犯合伙多次刺伤了他,他的脸、嘴、鼻子、肚子……全身各处都有伤口。作为反击,他干掉了其中一名囚犯。这导致他被单独监禁起来,正是这次单独监禁让他和上帝进行了某种意义上的"谈判"。

他向上帝承诺,如果能被从监狱里释放出来,他一定会成为一个全新的人。从很多角度来说,他似乎实现了自己的承诺。首先,他不再有杀人的冲动。虽然他过去是"暴脾气",对任何让他心烦意乱的人都迅速做出暴力反应,但是他开始以更被社会接受的方式处理遇到的挫折(比如,他成了一个健身爱好者)。

如今,佩德罗坚持早上 4 点起床锻炼,并在一家回收厂工作,赚取微薄的收入。他形容自己本质上是个隐士,不喝酒,不参加派对,也不参加各种聚会。在业余时间,他开始帮助犯过罪的年轻人改变他们的生活。虽然我听不懂葡萄牙语,但佩德罗的语气听起来很真诚,他告诉我他很喜欢"改造"别人,劝说他们远离犯罪。

但他也提到了实现这种转变所面临的挑战:虽然他看过监狱里的其他人也改变了他们的生活(其中一人甚至成了一名牧师),但绝大多数囚犯"都是他们原本的那个自己",因为"你所有知道的事都是监狱里的事情",要想完全改变几乎不可能。

那么，虽然他现在的日常生活已经发生了变化，这个佩德罗还是那个曾经的他吗？还是说现在被称为"前斗牛士佩德罗"的人已经是一个完全不同的人？

更为重要的是，我们现在的自己和未来的自己会在本质上有所不同吗？这个不同重要吗？

这个问题其实是哲学家争论了几个世纪的难题。我明白如果想让人们不再关注一个话题，有一个极其有效的方法，就是在同一个句子中包含"哲学家""争论""世纪"这些词。但是，理解什么能让我们每个人随着时间推移保持一致或者变得不同，也是一个极好的出发点，这让我们了解为什么我们有时不擅长面对未来的自己，进而做出将来后悔的选择。了解这一点，将帮助我们知道如何才能做得更好。

忒修斯之船

想象一下，你决定从熟悉的生活中脱离出来，你买了一艘船，决定环游世界。（我知道，拥有一艘船最快乐的两天是你买它的那天和你卖它的那天，但为了这个小练习，让我们假装这就是你一直以来的梦想。）你知道路上可能会遇到强风，而且你还特别喜欢一语双关，所以你决定把你的新船命名为"转晕了的旅行者"号。你计划乘着这艘新买的大游艇（如果你打算买一艘船，估计也得买艘大的）从北欧海岸出发，向西穿越大西洋，第一站是加勒比海的一个岛屿——比如，阿鲁巴。

一路上，你经历了几次风暴，当到达阿鲁巴的时候，你注意到船的一个帆在长途旅行之后有点破了。不过没关系，你立刻换上新的帆，继续穿过巴拿马运河，驶向法属波利尼西亚。然而，你一到那里就发现船上部分甲板已经开始开裂，现在又要更换这些甲板了。

好巧不巧，这类事情在你这次旅行中不断发生。大约三年后，当你安全返回北欧时，你发现你已经更换了这艘游艇的每一个部件，从帆到甲板，甚至是外面的船体。这听起来很疯狂，对吧，不过你回想一下，我刚刚让你想象辞掉工作去环游世界，这本身就是一件很疯狂的事。

关键的问题是：这艘船航行了三年之后，被更换了所有部件，现在它仍然是那艘"转晕了的旅行者"号，还是已经成为一艘完全不同的船？

必须说明的是：我显然不是第一个提出这个问题的人。几个世纪前，古罗马哲学家与传记学家普鲁塔克就通过希腊英雄忒修斯的故事讨论了这些问题。[2] 忒修斯是雅典的缔造者，据说忒修斯在旅途中杀死了几个怪物，其中最著名的是牛首人身怪物弥诺陶洛斯。不过，更为人熟知的还是他的那艘船，而不是这些英雄事迹。当他从克里特岛回到雅典时，雅典人为了纪念他，决定将他的船保留在港口。因此每当船上有木板腐烂时，雅典人就会用另一块木板代替，这样这艘用来纪念忒修斯的船就会被一直保留下来。几个世纪之后，整艘船的木板肯定都被换过一遍了。

对古代哲学家来说，这艘忒修斯之船成了一个从未真正结束的争论焦点。我能想象他们深夜围坐在一起，边喝酒，边用这艘船作为话题讨论什么是变化这个概念。一方认为，虽然这艘船的所有部件都被换掉了，但它仍然是原来的那艘船，而另一方则认为它绝对不可能是原来的那艘船。

但如果我们尝试回答这个问题，我认为应该退一步问：是什么让这艘船成为这艘船？更直白地说，我们需要改变多少才能够成为另外一个人？

你现在还和8岁时一样吗？

我坦率地承认，这个问题是一个傻问题。"不管时间怎么变，我当然都是同一个人啊！"如果你看书时喜欢大喊大叫，你也许会发出这样的惊呼。

我敢说我们大多数人都会觉得我们就是我们；我们表面上的特征可能会改变，但我们的"核心"自我不会改变。毕竟，那个在二年级和朋友打闹磕掉门牙的人，不是别人，正是你自己啊！

举一个例子，耶日·别莱茨基和西拉·齐布尔斯卡在1943年相遇并坠入爱河，那时他们都被关在纳粹的奥斯威辛集中营。[3] 同在制服仓库工作的朋友合作，耶日制作了一套假的党卫军制服，他还伪造了一份文件，让他可以将一名囚犯带到附近的一家农场。1944年夏天的某一天，一个困得不行的卫兵让耶日带着西拉走出了集中营。他们走了10个晚上，终于来到了耶日叔叔的家。耶日想帮助更多人，于是他加入了波兰地下反抗军。过了一段时间之后，由于一系列误会，耶日和西拉都以为对方已经死了。

差不多40年后，已经住在纽约布鲁克林的西拉，伤心地和她的管家聊起了那个救了她但后来不幸身亡的男人的故事。但巧合的是，这位管家刚刚在波兰电视上看到一个男人讲述了同样的故事。于是她很好奇，这会不会是同一个人——也许他没有死？

结束那次对话的一周后，西拉在波兰克拉科夫机场走下飞机，等着她的是带着39朵玫瑰的耶日，一朵玫瑰代表着他们分开的一年。两人那时都已经丧偶。从那以后，一直到2005年西拉去世之前，他们又见了大概15次面。在2010年耶日去世前的最后一次采访中，耶日表示他仍然非常爱西拉。

这对恋人在18岁时短暂相识，67年后仍然深爱彼此，这有力地说明了一件事情——一个人自身身份的稳定性。两个人都在漫长的时间里经历了难以想象的创伤，我们不难得出一个结论，即他们可能都以另一个人无法识别的方式在变化和成长，他们的团聚本来也很可能是一次陌生人之间的尴尬会面。

我们喜爱类似耶日和西拉的故事，因为我们都期望在伴侣身上找到永恒。婚姻中一部分不言而喻的承诺是，在你们共同生活的日子里，你的伴侣仍然是你第一次约会就注意到他（或她）微笑的那个人。（当然，另一部分承诺是你们也要一起成长，但你很可能不会嫁给或娶一个你希望最后会彻底改变的人。）

不过，这种对永恒的渴望很可能是愚蠢的。

《纽约时报》发表过一篇广受欢迎的文章，题为《为什么你会和错误的人结婚》。在这篇文章中，哲学家阿兰·德波顿提出了一个有些悲观但也令人宽慰的观点：世界上没有完美的结合，也没有完美的伴侣。我们和别人结婚不一定是因为我们想要快乐（尽管这是我们认为要结婚在一起的原因），而是因为我们想要让我们刚刚开始一段关系时的那种感觉变成永恒。但是，这种冲动可能并不完全是理性的。德波顿写道："结婚是为了珍藏我们第一次求婚时的那种喜悦。"[4] 但我们没有充分认识到我们对伴侣的感受会以无法预料的方式变化。同样，我们的伴侣和我们自己也会随之发生变化。

那么，有什么会随着时间的推移而保持不变呢？又有什么会变化呢？这些都是性格心理学家布伦特·罗伯茨主要研究的问题。最近，他与罗迪卡·达米安及其他同事一起发表了一篇论文，研究了人类在 50 年内的性格连续性和变化。[5] 20 世纪 60 年代，有将近 50 万名美国高中生（约占全美学生总数的 5%）花了两天半的时间参加各种调查和测试。心理学家约翰·C. 弗拉纳根最早提出了这个被称为"人才计划"的想法，他认为，许多年轻人没有真正找到能让他们茁壮成长的职业，所以他的解决方案是，要评估美国高中生的能力和抱负，以便最终让他们拥有更理想的工作前景。

50 年后，这群学生中有近 5000 人再次接受了调查。这群人是经过精心挑选的，也是最能代表他们当初那个群体的——与最初的样本大致相同，他们由大致相同数量的男性和女性组成，都来自相同的地区。通过对比分析 1960 年和 2010 年的调查结果，罗伯茨和达米安可以观察一个人在从 16 岁的青少年变成 66 岁的成年人的过程中发生了什么。他们想知道的是，这些人的核心性格特征在过去 50 年里能有多稳定。

对这个问题的最佳答案是，这取决于你如何提问。

我们可以这样想：假如你是班上最害羞的那个少年，成年后你很有可能就是朋友中比较害羞的那个。正如罗伯茨向我解释的那样，试着想象一下，如果你想赌一个在同龄人中相对合群的青少年，成年后依然能在同龄人相对合群的概率有多大，那么你大概有 60% 的机会赌赢。这当然比随机掷色子要好，但远不能保证万无一失。

我们的经历很大程度上决定了我们会成为什么样的人，所以我们不能保证成年后的自己会和青少年时期的自己一样。这篇论文的部分研究动机来自达米安在 20 世纪 90 年代的成长经历，因为她的童年十分动荡。她向我解释，她很好奇，因为她小时候认识的一些人后来即使面对逆境，也能继续茁壮成长，以积极的方式改变他们自己，而另一些人却还在不断挣扎。

所以，与他人相比，你所处的环境或者出身确实有一定的稳定性，但是我们仍然会发现有一些重要的品性是发展出来的。例如，随着年龄的增长，大多数人的责任心和情绪稳定性都会发生变化。[6] 不过人与人之间存在显著的个体差异：一些人会变化很大，而另一些人则变化不大。例如，在"人才计划"的数据库中，40% 的成年人在任何给定的特征上都表现出明显的变化，而另外 60% 的人则没有。

这并不意味着我们所有人在十几岁时和 60 岁之后都会变成不

同的人。我们有五种核心人格特质——经验开放性、尽责性、宜人性、外向性和神经质①——大多数人在 10 年内会在其中一种特质上表现出显著的变化。这是不得了的事情，一种主要人格特质在 10 年中会发生改变！但剩下 4/5 的特质会基本保持不变。连续性似乎最后胜出了。正如罗伯茨所说："这不等同于人们在 10 年的时间里就能完全改变他们的性格。"

所以，随着时间流逝，我们是否还是同一个人并不是一个容易回答的问题。[7] 在某些方面，我们是一样的，但在其他方面，我们又是不一样的。回到游艇的比喻上——我们可能会更换风帆或油漆，但我们的甲板保持不变；我们也可能更换新的甲板，但保留原来的桅杆。它不会是一条全新的船，但绝对不是同一条船。

在"未来自我"身上发生的这些不可避免的变化，向我们提出了一系列相当实际的问题。考虑到我们会改变，而且很有可能是以意想不到的方式发生改变，那么是什么决定了这些变化如何影响我们对自我连续性的看法？例如，佩德罗·罗德里格斯·菲略确信自己是一个全新的人，因为他不再有杀人的本能和冲动。同样，一艘船经过粉刷后看起来焕然一新，但其内在骨架却保持不变。

这些对连续性的看法之所以很重要，是因为它对我们的行为有着很大的影响。如果那艘"转晕了的旅行者"号看起来还是我们自己的船，我们就会好好对待它，我们将根据需要不断地更换

---

① 即大五人格特质。——译者注

部件，甚至可能对它进行一些升级。然而，如果它开始让我们觉得它已经不像同一艘船，而是一部我们没有什么感情或没有什么共同经历的机器，那么我们就会把它当作家庭出游时租的最后一辆车。

同样的逻辑也适用于你的身份同一性。如果你感觉现在的自己和未来的自己之间有着很强的联系——即使现在的自己和过去的自己有所不同，未来的自己也会和现在的自己有所不同——你就更有可能为提升自我而努力。

你的身体决定不了你是谁

当你出现在高中同学聚会上时，没有人会把你错认成你最好的朋友。你的朋友，或者你刚刚在社交媒体上重新联系上的人看到你之后，也能很快认出你就是那个人，那个曾经住在 18 岁高中生身体里的人。当然，你的脸可能变老了，发型可能变了，但你仍然存在于和你的朋友们多年前共度美好时光的身体里。[8] 正如一些哲学家所坚持认为的那样，当涉及身份同一性时，能够超越时间持续存在的是物质。[9]

但是你的皮肤细胞的确会更新，红细胞会代谢，你很可能会变矮（也可能变高，比如我的岳父，他喜欢告诉我他的退行性椎间盘手术让他的身高增加了 1 英寸①）。当然，这些只是你随着时

---

① 1 英寸约等于 2.54 厘米。——编者注

间的推移可能面临的身体变化的一部分。问题是，你的身体需要改变到什么程度才会变得不再是你自己呢？

这里有一个稍微有点傻的方法来解答这个问题：你决定和一个疯狂的科学家成为朋友，他有一个提议。他会把你大脑里的所有东西——你的想法、感觉和记忆——都转移到另一个人的大脑里。在他完成这个复杂而耗时的手术后，将会存在两具躯体。一个看起来像你，但不再拥有你的思想和记忆；另一个看起来不像你，但拥有你的思想和感受。

他决定再冒险一点，给其中一具躯体100万美元，而在另一具躯体上进行各种实验、反复折磨。[10] 在做这个手术之前，你可以决定谁会被反复折磨，谁最终有足够的钱供孩子上大学。如果是你，你会选哪一个？

我猜，你会把钱给那个拥有你思想的躯体，然后把受折磨的任务分配给那个思想曾经在的躯体。如果你真的选择了这种方式，那就意味着我们的身体可能不是我们身份同一性的关键。

但是等等，让我们再做一个思维实验。想象一下，你长了一个恶性肿瘤，除非你接受大脑移植手术，不然必死无疑。你仍然活着，但你的记忆、偏好、个人计划等——本质上就是你的整个精神生活——将被毁掉。[11] 你会接受这个手术吗？如果不做手术，你会死的，但如果做了手术，你可能也会不复存在。

所以，一些人所说的身体理论主要是说你的身体让你继续保持为"你"。但是在面对这些快速的思维实验时，这套理论就很难说明身体是否真的是你存在的基础了。[12]

你的记忆决定不了你是谁

对 17 世纪英国哲学家约翰·洛克来说,身体显然不可能是问题的答案。相反,他的见解是,让你在时间变化中仍然保持连续性的根本是你的"意识"。进一步阐释一下这个观点:真正关键的是你的记忆。所以,如果你 35 岁,你包含了今天的"你"和 15 岁时的"你"。这两个版本的你共享一个身份,因为后来的"你"可以记住之前的"你"的思想和行为。试着想象一种记忆链条——35 岁的你记得 15 岁时的想法和感受,而 15 岁的你记得 12 岁时的想法和感受,以此类推。

换句话说,你的身份之所以保持不变,是因为你有来自不同时间点的记忆,而每一段记忆都建立在之前的记忆上。洛克认为,如果你能记得小学二年级的开学第一天,那么你就能记住那个版本的你。如果现在的你和当时的你有共同的记忆,那么你就在这么多年里保持了一个恒定的身份。

和身体理论一样,这个说法当然也有问题。比如,如果我忘记了昨天早餐吃了什么,这是否意味着我不再是昨天的我?或许这个理论还有一个更重要的问题:没有人记得自己生命的最初阶段,这是否意味着婴儿时的我们是一个完全不同的人,因为我们都没有保留那个时候的记忆?难道只有有了最初的记忆,我们才真正成为自己吗?

答案可能是道德品质

有一个笑话，讲的是一所大学的某位院长对物理系需要大量研究经费感到沮丧。他问："为什么你们不能像数学系那样——他们只需要铅笔、纸和垃圾桶。哲学系更好，他们需要的只是铅笔和纸。"我知道笑话一经解释就不好笑了，但重点是：哲学家提出的想法不需要验证。多年来，在身份同一性的问题上，哲学家创造出一个又一个理论，试图解释是什么使人保持相同或变得不同。但这些理论能够在多大程度上反映我们在现实生活中面对这个问题时的思考方式呢？

换句话说，谈到身份同一性的连续性问题时，普通人是怎么想的重要吗？

这就是西北大学的心理学研究生谢尔盖·布洛克着手回答的问题。21世纪初，他开展了一项实验，他要求研究参与者想象一个叫吉姆的会计遭遇了一次严重的车祸。而他活下来的唯一方法是……你猜对了——大脑移植！在这个疯狂的医学实验中，吉姆的大脑将被小心地取出来并放到一个机器人中。

幸运的是，移植手术最后成功了。当科学家启动机器人时，他们扫描了吉姆的大脑，发现他所有的记忆都完好无损。至少一半的实验参与者得到的信息是这样的，而另外一半人却得知，虽然手术顺利完成，但科学家扫描大脑时发现吉姆的记忆与手术前的记忆完全不一样了。

如果机器人"是"那个吉姆，即使没有吉姆的旧记忆，这也会成为身体理论的有力支撑。但是如果记忆是吉姆继续成为"吉姆"的必要条件,那么记忆理论就会得一分。最后,在这项有一定参与人数的研究中,有一个明显的赢家:在得知记忆在移植过程中幸存下来的实验组中,认为机器人仍然可以被认为是吉姆的人数,大概是得知记忆没有移植成功的实验组中有同样判断的人的三倍。[13]

找出身份同一性的连续性组成要素时,了解普通人和哲学家都相信什么是有价值的。但在这两个案例中,我们都是在处理想象中的场景,这种情况在我们的有生之年很可能不会发生。这就让人们很难确定什么对我们超越时间的身份同一性是重要的。

那么,我们是否可以在不依赖思维实验的情况下检验这些想法呢?

沃顿商学院教授尼娜·斯特罗明格决定采用一种非传统的方法理解是什么将我们的过去、现在和未来联系在一起的。

她坐在位于费城的阁楼里,背景传来微弱的鹦鹉叫声。她告诉我,虽然她做了很多思维实验,但她认为这些实验不能是唯一的证据来源。于是,她开始求助于养老院。

具体来说,她联系了那些治疗神经退行性疾病患者的护理人员。这些病人的大脑发生了根本性的紊乱,就像我们在一些哲学小品中看到的人物一样。[14]

她集中研究了三组患者:第一组患者患有阿尔茨海默病,他们的身体很健康,但记忆正在消失;第二组患者患有肌萎缩侧索硬化（ALS）①，患者的思维仍然健康，但身体功能正在不断退化；第三组患者患有额颞叶痴呆（FTD）②，他们的运动能力和大部分记忆都是完好无损的，但会出现道德障碍，比如许多 FTD 患者会出现同理心减少、不诚实、不再关注社会道德规范的情况。

护理人员回答了一系列调研问题，包括："你觉得你还认识这个病人到底是谁吗？""你会觉得病人像陌生人吗？"ALS 是一种主要影响身体而不影响精神的疾病，人们认为 ALS 患者的身份干扰最小；阿尔茨海默病紧随其后；但 FTD 被认为是迄今为止对身份同一性破坏最严重的疾病。[15]

是什么让我们成为现在的我们，这一争论常常在最后演变为"身体"与"思想"理论的争论。事实上，FTD 患者似乎被认为最不像以前的自己，这表明我们在这个话题上可能有更多东西需要考虑。那到底是什么呢？

正如斯特罗明格和她的合著者肖恩·尼科尔斯所解释的，让我们保持自我，或者成为完全不同的人的根本原因是我们对"道德自我"的感知。一个人是善良的还是刻薄的，是善解人意的还是冷酷无情的，是礼貌的还是粗鲁的，这些才是将年轻人和他们老年的自己联系在一起的最重要的因素。

斯特罗明格和她的同事发现，当这些道德品质从根本上被改变之后，我们的人际关系似乎也发生了变化。斯特罗明格给我讲了一个很有说服力的例子：她问了她的一个女性艺术家朋友，她

---

① ALS, amyotrophic lateral sclerosis, 简称 ALS, 俗称渐冻症。——编者注
② FTD, frontotemporal dementia, 简称 FTD。——编者注

的性格需要如何改变，才会让她的伴侣不再把她当作原来的她。考虑片刻之后，她的朋友回答说："我想如果我变得不再擅长艺术，成为一个糟糕的艺术家，我的伴侣应该就会离开我——她会说'那不再是我娶的那个人，我不再爱她了'。"

然后斯特罗明格又从另一个方向提问："你的伴侣做出哪些改变会让你说'这不再是与我结婚的那个人了'？要发生什么变化，你才会说'她不再是原来的那个她了，我不再爱她了'？"这次她的朋友倒是回答得很快："嗯……我想如果她变成了一个荡妇。"

这里有一个有趣的盲点——当谈到自己的特点时，斯特罗明格的朋友认为艺术是她身份同一性的核心，如果它改变了，那么她在伴侣眼中就不再是同一个人了。然而，当这个问题被翻转过来时，情况就变了：最重要的是她的伴侣是否足够善良。这是有道理的，毕竟，善良是斯特罗明格和她的同事提到的"基本道德品质"。

这个小趣事完美地说明了这些道德品质一旦发生改变，不仅会影响我们身份同一性的稳定性，还会深刻影响我们的人际关系。[16]是的，我们会有不同的朋友和爱人，但如果他们都变了，我们自身持续稳定的自我认知就会面临严重的挑战。

那么，这个"前斗牛士佩德罗"现在已经是一个完全不同的人了，还是说他仍然是曾经的那个人？

我相信，对"道德自我"的研究是我们能找到的最接近的答案。当我们的核心道德品质保持不变时，即使许多事情发生了变化，我们也能找到一条连续性的认知线索。这就是为什么我们看到一些人随着时间的流逝而成长却感到他们变化不大，但在另一些人身上却看到了天翻地覆的变化。

我们把镜头对准自己时，又会发生什么呢？我们当然可以在其他人身上看到某种连续性，或者缺乏某种连续性。我们能意识到"前斗牛士佩德罗"从一个冷血杀手转变成非暴力的布道者。但是，我们有多大可能看到未来的自己与现在的自己是相同的，还是完全不同的？这样的信念又会如何影响我们今天所做的决定？这是我将在下一章讨论的问题。

这个问题的答案可能会对你产生重大影响，包括你的减肥计划、银行账户等。

本章重点

○ 我们会随着时间的变化而改变吗？我们性格中的某些方面会改变，而另一些方面则保持不变。

○ 如果我们感到未来的自己和现在的自己不一样，就很难做出那些有长期影响的决定（比如和谁结婚）。

○ 如果人们随着时间的变化保持了他们的道德品质，我们会认为他们现在的自己和未来的自己是差不多的。

第二章

未来自我：
模糊而又陌生

在冰岛凯夫拉维克城外，有一个被称为蓝潟湖的旅游景点。它以其深邃的蓝色、不可思议的高温和治疗效果而举世闻名。（富含矿物质的湖水和白色浆泥对人们的心灵和皮肤都很有好处。研究表明，潟湖可以帮助治疗牛皮癣和减少皮肤皱纹。）[1] 虽然蓝潟湖看起来像冰岛又一个自然奇观，但实际上，它是20世纪70年代末因附近一家地热发电厂产生的径流形成的。

我一直想去冰岛和蓝潟湖，所以我抓住了一次在那里参加学术会议的机会（和之前通常在机场希尔顿酒店参加会议相比，这明显是一次升级）。这次会议是由悉尼大学主办的，会议的重点是研讨人们如何看待时间。

我坐在会议室的后面，凝望着大玻璃窗外一拨又一拨裹着毛巾的游客，他们都准备前往热气腾腾的温泉。和我一起来的妻子，应该不是在温泉里就是在附近的冰川上拍照。所以当耶鲁大学哲学教授劳丽·保罗走上讲台时,我其实有点分心。我想在蓝潟湖闲逛,而不是被困在单调乏味的酒店会议厅里。

"想象一下,你有一次机会变成吸血鬼,"保罗开始了她的演讲,"不过现在情况有点不同,吸血鬼不喝其他人的血了,而是喝人工养殖的动物的血。"[2]

这是一场引人入胜的学术演讲的开始——我立刻停止了对那些游客和蓝潟湖的想象,开始思考我可能成为吸血鬼之后的生活。正如保罗所指出的,其实许多人对这个想法都很感兴趣,因为成为一个吸血鬼意味着永生,且拥有更强的力量和更快的速度。但是我们假设你并没有百分之百地被说服:你真的想成为"不死"的吗?你真的想喝血吗?为了做出决定,你决定向你的其他吸血鬼朋友征求意见。

他们正在享受生命中的美好时光——他们真的很喜欢做吸血鬼!他们向你保证,你也会喜欢这种经历的。你已经穿上了一身黑色的衣服(可能不是真的,只是假装一下),你喜欢异国情调的食物,而且愿意尝试新的东西,你也喜欢熬夜。换句话说,成为吸血鬼对你来说其实非常合适。你想知道更多的信息,但当你问起来的时候,你被告知你需要的只是冒险试试。

但这也有代价。

一旦你变成吸血鬼,你就无法反悔了。你不能说先尝试一下这种新的生活方式,然后决定"不,这个不适合我",最后你又回去过上凡人的生活。

成为吸血鬼就永远是吸血鬼了。

为人父母后我还是我吗？

在我开始思考变成吸血鬼的前几天，我和妻子正在浴室里为假期前的最后一个工作日做准备。我正陷入一场深刻的自我辩论：旅行中该带哪种剃须膏？（旅行装的罐子里还剩多少剃须膏？普通装的罐子会被安检没收吗？）这时，她拍了拍我的肩膀，露出会心的微笑，递给我一根验孕棒，上面有两道明显的深粉色线条。

等一下，我真的看到了两条线吗？我们真的要为人父母了吗？当然，我很激动。一段时间以来，我一直想要孩子，并幻想着和我未来的孩子做些有趣的事情（这事说到最后就是给他们介绍好听的音乐和好看的电影）。

但是后来当我在冰岛听讲座时，我这种期待的喜悦被隐隐的焦虑所取代。

成为父母和成为吸血鬼有什么不同吗？

我告诉自己，我知道一旦有了孩子，我们的生活会是什么样子——我也认识其他有孩子的人！我甚至认识一些孩子！但我真的理解什么是教养孩子吗？我还能一直保持我的兴趣和激情吗？我有耐心吗？我还能玩得开心吗？我还能做个好伴侣吗？我还能好好睡觉吗？

我曾请朋友们多告诉我一些关于初为人父母的事，他们都告诉我，这很棒，很有意义，他们想不出有什么其他的不好（除了可能睡不好觉）——所有这些都是你期望刚刚成为父母的人说的话。

是的,他们说,如果可以做父母就应该去做。但是当我询问更多信息的时候呢?我只能在真正有了孩子之后,才知道做父母到底是什么样子的。

在我焦虑不安的时候,保罗停止了她的思维实验。她说这个吸血鬼的问题只不过是个几乎不加掩饰的类比……类比的正是初为人父母!成为吸血鬼是一个无法回头的决定,成为父母也是如此。

通过这种类比,保罗提出了一个令人信服的观点:我们永远无法真正了解未来的自己。即使为时间旅行付出了最大的努力,我们也许还是不知道那些遥远的我们会有什么不同的感觉和想法。因为就像成为吸血鬼或为人父母一样,当我们变成新版本的自己时——当我们成为未来的自己时——我们的想法和感受可能会以我们无法预料的方式产生变化。重申一下,我们无法知道未来的日常生活是什么样子的,更确切地说,我们无法知道我们那时会想什么、感觉到什么。因为一旦我们变成未来的自己,这些想法和感觉就都可能会发生巨大的转变。

这意味着我们的未来是由某种确实存在的不确定性决定的。在某种程度上,未来的自己对我们来说永远是陌生人。

听到这些,我并没有完全绝望,我认为你也不应该绝望。

想想上一章我们学到的东西:当想到别人的时候,我们就能够找到一种联系,一种连续性的线索,把他们的过去、现在和未来串联到一起,只要他们的道德品性保持不变。

如果我们能够确信未来的自己会保持某些核心道德价值观,

也许我们仍然可以对他们——未来的我们——投以关心，并为那些遥远的自己做计划，即使他们看起来被笼罩在不可知的迷雾中。作为父亲的未来的我，对现在的我来说可能是一个陌生人，但只要他保持现在的我对红袜队①的热爱，保持对他人的同情，保持对瑞斯的花生酱杯②的喜爱（你可能会说这不是一个核心道德品质，但我不这么看），那么也许我可以花时间为那个他思考一下，为那个他的生活做些计划。

随着时间的推移，我们究竟应该如何看待自己呢？是什么让我们看到今天的自己和明天的自己之间的联系？更重要的是，我们是把未来的自己看作今天的自己的连续性延伸，还是把他们看作完全不同的人？

正如你接下来会读到的，我们应更好地理解未来的自己，无论是把他们视为自己的延伸还是其他人，都可以为我们今天所做的各种选择提供足够的洞察。

哲学家的争论：关于自我

其实很早我们就开始考虑自己在别人眼中的身份同一性了：在 6~9 岁之间，孩子们开始通过他们与家人和朋友的关系来定义自己。[3] 我们是儿子、女儿、兄弟、姐妹、父母、丈夫和妻子。这是一种充满希望的思考习惯：因为我们假设这些关系会一直保持

---

① 指波士顿红袜队，一支美国职业棒球队。——编者注
② 英文名为 Reese's Miniature Cups，一款在美国广受欢迎的零食。——编者注

稳定，我们把自己的身份与他们联系在一起，也相信这会让我们的个人身份同一性保持稳定。

在上一章中，我们谈到了忒修斯之船的概念，谈到了判断物体和他人一直保持不变或变得不同有多困难。类似的问题也适用于我们自己，但因为比起了解别人，我们更了解自己，所以情况也会不一样。如果你想要一个有用的类比来描述同一性和我们自身，你可以想象你早年买的一个不错的行李箱，你每次旅行都带着它，里面装满了不同的物件和纪念品。随着时间流逝，这个行李箱会因不断使用而破损，被行李传送带、机舱的行李架和洒出来的洗漱用品弄得遍布脏污。尽管如此，你可能会说它仍然是同一个行李箱，而不是完全不同的一个行李箱。我们的自我也是如此：就像那个旧行李箱一样，他们可能会改变、成长、留下污点，但无论时间怎样变化，我们仍然是一个单一的实体，最主要的原因是那些持久的关系。

这似乎是显而易见的——无论时间怎样变化，我当然是同一个人！我还能是谁？然而，单一而连续的自我观念也必然有人批判。18世纪苏格兰哲学家大卫·休谟就彻底否定了这一观点。在其著作《人性论》中，休谟认为根本没有这种所谓的自我概念。你不是行李箱。[4]

为什么这么说？休谟认为，一个事物要保持身份同一性就意味着这个事物从任何给定的时间点到下一个时间点，都必须拥有一组相同的完整属性。人类显然不是这样的，我们在不断地改变自己的观点和偏好。根据休谟的观点，随着时间的变化，我们最好放弃拥有稳定的身份同一性这种想法。

另一位英国哲学家德里克·帕菲特也参与了这场辩论。帕菲特于 2017 年去世,他是一个古怪而绝顶聪明的思想家。为了不把时间浪费在与写作和学术无关的事情上,他每天都穿同样的衣服——白衬衫和黑裤子。在成年后的大部分时间里,他甚至每天都吃同样的早餐:香肠、酸奶、青椒和香蕉,他把这些食材都混在同一个碗里。[5](他是出于健康考虑而形成这种饮食习惯的,他认为这是健康早餐的基本特征,但后来当他从一位营养学家朋友那里得知事实并非如此时,他第二天就改变了这个食谱,一点也不留恋。)

和休谟一样,帕菲特也痴迷于身份同一性问题。为了探索关于自我的悖论,他想出了一系列绝妙的思维实验,试图深入了解是什么让我们形成超越时间的连续性。看他以前的讲座有点像在看《星际迷航》剧集与一个邪教领袖讨论他最近得到的启示的交集。他又高又瘦,面容憔悴,戴着一副令人印象深刻的眼镜,他有一头乱蓬蓬的白发,看上去就像滑稽漫画中描绘的现代哲学家的样子。

在讲座中,他首先要求你想象一台远程传送机器。它把你整个复制下来——你的身体、思想、皮肤、记忆——然后把你送到火星。[6]现在,让我们想象一个新升级版本的传送机器。当你被扫描时,你被意外地留在了地球上,但被复制的你仍然被送到火星并在那里生活。现在有两个你了,但哪个才是"真正的"你呢?

帕菲特认为,就像传送机器复制了一个你,然后将其传送到火星上一样，我们也可能会把这种概念应用到自己身上。与其说有一个固定不变的自我，即一个稳定的同一性身份，倒不如说我们实际上更像一系列分开、独立的自我形成的集合。

这里还有另一个类比可能有助于我们理解帕菲特提出的这个想法："单一自我"和"单独自我"的区别，类似一个个人创业家和一个小型创业公司之间的区别。单一自我就像个人创业家，自己做了所有的工作，但只是一个人。如果我们以这种方式理解自我，虽然我们的兴趣、爱好、信仰和关系可能会随着时间发生变化，但我们终其一生都是一个单一的个体。

相比之下，小型创业公司类似于单独自我：有很多人为它工作，每个人都做不同的工作。按照这种观点，随着时间的变化，我们可能会有许多不同的自我，每个自我都有自己的兴趣、爱好、信仰、才能等。虽然这些人都在同一家公司工作，但重要的是要承认他们的差异。

单独自我这种说法可能有些刺耳。当我在课堂上说起这一点时，我的学生有时会陷入小小的存在主义危机。如果我是各种单独自我的集合，那么我到底是谁？如果一个人以前的他和现在的他是分开的，那么谁应对他以前做过的事情负责呢？当时和我结婚的那个人，与现在和我维持婚姻关系的这个人是同一个人吗？（如果不是，天哪，那结婚誓言有什么用？）

在帕菲特的观念里，真正重要的是每个单独自我与其他单独自我的联系感。[7]我们再想想有多个员工的创业公司。在公司的生命周期中，从创业公司发展到更成熟的公司，可能不断会有新员工加入，也不断会有老员工离开。

通过几周或几个月的相互适应，老员工才能够将关键信息和公司文化顺利传递给新员工。这些新员工会在未来几年将这些知识一棒接一棒地传递给未来的员工。通过这种方式，一条牢固的纽带将最早的员工与后来的员工联系到了一起。但这条纽带也可能会断裂——有些员工可能只会待很短的一段时间，因此几乎不会与新员工有什么重叠，或者有些信息可能就没能传递下去。当这些断裂累积到足够多的时候，一些后来的员工可能会觉得他们与之前的员工没有任何联系，他们看起来更像陌生人。

用同样的方法思考，我们的身份同一性也可以被认为是一系列相互联系的自我组合到一起的结果。

每一个连续的自我都与前一个和后一个自我有许多共同之处。但是当这些自我之间出现足够的距离时，也就是说，随着时间的推移有了足够的距离感时，我们就会开始失去一些关系中的联系。

在某种程度上，一旦距离变得很远，即很长一段时间，很久以前的自己或非常遥远的未来的自己，对我们来说可能看起来就很陌生。他们看起来是完全不同的人。

如何看待未来自我为什么重要？

好吧，那又怎样？我们感觉未来的我们像陌生人一样，这又有什么关系？

这很重要，原因也很简单：我们对待陌生人的方式是不同的。

想象一个你不经常交往的同事,除了他的名字和他工作的部门,你可能对他的生活知之甚少。如果他让你周末给他帮忙,比如,帮他把家具从旧公寓搬到新公寓,你可能会说不。毕竟,你还有很多事情要处理,你没有义务帮助这个陌生人。即使是好说话的人也会倾向于以利己的方式行事,优先考虑自己、朋友和家人。我们不会一直如此行事,但是毋庸置疑,这种倾向是强烈的。

举个悲伤的例子,在新冠疫苗问世大约一年后,最容易感染这种疾病的人——老年人——也是最有可能接种疫苗的人(到2021年年底,89%的65岁以上的成年人接种了全程疫苗①)。毕竟,接种疫苗是最符合他们自身利益的,因为他们的风险最大。相比之下,到2021年年底,25~49岁的成年人中只有约2/3的人接种了全程疫苗。[8]对更年轻的群体来说,他们对病毒的抵抗力要强得多。除了能预防重症,接种疫苗的主要好处还在于保护他人并阻止病毒传播。[9]当一项行动对我们自身有利时,我们可能更倾向于去贯彻执行。然而,当完全陌生的人成为行动的受益者时,我们可能更倾向于为自己考虑。接种疫苗有一些注意事项,但对年轻人来说,这就意味着不要费神费力去接种。

总结来说,如果我们把未来的自己看作陌生人,而且我们倾向于以利己的方式行事,那还有什么理性的理由让我们为未来自己的利益努力呢?这样做几乎是不理智的!

多吃一块对你的腰围有害的巧克力蛋糕?为什么不呢!反正

---

① 该数据为美国国内民间统计机构的数据,并非全球数据。——编者注

这腰围又不是"我的",而是未来的那个我的,甚至是一个我不认识的未来的自己!是多花点钱买一台高端4K电视,还是把钱存进401(k)养老金账户[①]?当然买电视!谁在乎那个未来退休后的我,那只是个陌生人。去健身房还是狂追下一部网飞的电视剧?当然是网飞!为什么要为另一个自己流汗呢?

德里克·帕菲特用青春期男孩吸烟的例子来论证这个观点。这些男孩知道吸烟有可能会导致他们晚年遭受巨大的痛苦,但他们不在乎。"这些男孩,"帕菲特写道,"不认为未来的自己和自己是一回事。他们对未来自我的这种态度在某种程度上和他们对其他人的态度一样。"[10]

或者想想具有哲学意味的杰瑞·宋飞喜剧。20世纪90年代,宋飞在他的单人脱口秀中注意到圣诞节前后播放的电器广告有些奇怪,其中许多广告承诺消费者可以在第二年3月再付款。3月才付款?他说这就好像3月永远不会到来似的!我现在当然没有钱,可是第二年3月的那个人也许会有钱。宋飞犀利地观察到,他对自己的身体也犯过同样的错误,他晚上熬夜,丝毫不担心早上只睡了5个小时的那个自己会有什么感觉。

你早上起床,因为闹铃响了。你筋疲力尽,昏昏沉沉……哦,我讨厌那个"熬夜的家伙"!你看,"熬夜的家伙"总是欺负这个"早起的家伙"。"早起的家伙"什么都做不了。"早起的家伙"唯

[①] 即401(k)退休福利计划,是美国于1981年实行的一种由雇员、雇主共同缴费建立起来的养老保险制度。——编者注

一能做的就是经常睡过头,然后"白天工作的家伙"就丢了工作,然后"熬夜的家伙"就没钱出去玩了。[11]

当宋飞在《今夜秀》上讲述这个话题时,主持人杰·雷诺提出了一个解决方案:"如果'早起的家伙'起得特别早,那么'熬夜的家伙'就会很累!""是的,"宋飞回答,稍微停了一会儿又说,"除非'白天工作的家伙'中午睡个午觉。"

宋飞以其特有的机智发现了一个最早由哲学家注意到的真相:我们可能确实会把未来的自己视为陌生人。

通过研究思维和大脑,我们可以更好地理解为什么我们有时会把未来的自己当作陌生人,以及我们最终如何能够对他们友善一些。

生日实验:20年后的自己像是陌生人

想象你的下一个生日,你看到了什么?

现在想象一下某个遥远未来的生日,比如,20年后的生日,你又看到了什么?

在这两种情况下,你可能会想到与生日相关的具有代表性的物品:蛋糕、酒水饮料和朋友。

但这两种情况有什么不同吗?

普林斯顿大学的心理学教授埃米莉·普罗宁向不同群体的人提出了类似的问题。第一组测试者被要求描述他们正在吃的一顿饭（她是在大学食堂对他们进行的调查）。当测试者写出他们吃的食物时，他们主要是用第一人称写的。他们通过自己的眼睛描述了他们看到的这一切。

另一组测试者则被要求描绘遥远未来的某顿饭（对这些大学生来说，是"他们 40 岁以后的某段时间"）。这组人表现出一个关键的区别：他们更倾向于使用第三人称来写，而不是第一人称。他们在图像中看到了自己，仿佛他们是现场的目击者。例如，他们用"他"或"她"来描述未来的自己，而不是"我"。

在心灵与思维之眼中，未来的自己看起来是另一个人！[12]

普罗宁接下来想知道这种视角的变化会有什么后果：我们是否也会像对待其他人一样对待未来的自己？为了回答这个问题，她询问了人们在喝下一种令人作呕的饮料时的感觉。她撒了个小谎，告诉实验对象她正在研究厌恶感，包括当他们喝下"味道不佳的液体"时会产生的感觉。（这种看起来很吓人的饮料实际上是番茄酱、酱油和水的混合物。）为了说服学生尝试一下这种饮料，普罗宁提醒他们，他们是在为科学做贡献。

接下来事情就变得很有趣。在调查研究的最后，第一组人被问及他们愿意喝多少这种饮料——是真的要喝进肚子里。第二组人也被问及他们会喝多少，不过他们被告知，由于管理问题，他们无法马上饮用饮料，下学期开始才可以（如果到时候不喝，他们将失去参与这个项目而获得的学分）。第三组人被问及他们想给下一个研究参与者分配多少这种饮料。

平均而言，如果是现在就喝，人们通常决定喝大约 3 汤匙。

（坦率地说，我很惊讶这个数字会这么高，也许普林斯顿大学的学生只是对"为了科学"感到兴奋。）而当他们把这种难喝的液体分配给另一个人时，这个量就接近半杯（大约 8 汤匙）。那对未来的自己呢？也是差不多半杯。[13]

这个实验表明，在很多方面我们不仅把未来的自己看作其他人，也把未来的自己当作其他人来对待。[14]

比起他人，大脑更关心"自己"

磁共振成像仪（MRI）的使用费非常高昂。（也许你曾经享受过进入其中的乐趣，这种体验就像是被锁在一个嘈杂的棺材里 45 分钟左右。）这些费用包括机器的维护费用、操作人员的人工费用，以及确保后台程序正常运行的物理学家和计算机科学家的酬劳。对研究人员来说，使用磁共振成像仪的费用可能超过每小时 1000 美元。

除非……你从午夜到凌晨 4 点这段时间使用成像仪。这个时段的价格只要一半。由于我那时正在读研究生，我既可以很容易地熬夜，又没有太多研究资金，所以我一般在 00:30 来到斯坦福大学的神经成像中心，试图了解我们的大脑中是否有任何切实证据说明我们认为未来的自己是另一个人。

这个房间既阴冷又无菌，只有几台计算机和一扇玻璃窗。窗户的另一边是一台巨大的医院级磁共振成像仪。但与通常用于肺部和膝盖成像的磁共振成像仪不同，这台机器有一张床，里面有一面小镜子,可以反射计算机屏幕上的图像。第二天扫描完成后,我可以观察参与者在经历一系列想法和感受时的大脑活动。

心理学家最初使用这种功能性磁共振成像仪时,提出了一个问题:大脑能很容易地分辨出什么是"我",什么不是"我"吗?换句话说,大脑能分辨出自我和他人之间的区别吗?这似乎是一个学术问题,但在大脑中能够"定位"自我可能代表着我们理解意识的关键一步。

一组研究人员让测试者来到成像仪前躺下,并看着屏幕上闪现的一系列性格特征词汇(比如"大胆""健谈""不独立的")。在这些词的上方,他们会看到"自我"(self)或"布什"。(因为当时的总统是乔治·布什,所以他似乎是代表另一个人的不错选择。)测试者手里拿着一个按钮控制器,他们的任务很简单:如果这个性格特征适用于他们正在思考的人(比如他们自己或乔治·布什),他们需要点击一个按钮;如果这个词不适用,他们就要点击另一个按钮。

我们大脑中有一部分叫内侧前额叶皮质,就在你的前额后面。它和一张信用卡差不多大,当人们想到自己时,这个区域的反应会比想到别人时更活跃。[15] 换句话说,它对乔治·布什不是特别感兴趣,它只关心你。

对神经科学家和社会心理学家来说,这是一件大事:它表明了"自我"有一些特别之处。

在阅读了这项研究的论文后,我不禁想知道:如果大脑能分辨出什么是我、什么不是我,如果未来的自己会被视为一个陌生人,那么……未来的自己会不会看起来像我们大脑中的另一个人?

我想把这个想法告诉我的一位导师——心理学和神经科学教授布赖恩·克努森,看看他会给我提供什么建议,然后提供资金让我用磁共振成像仪测试一下。克努森的智商比我认识的很多人都高,他能轻松地对自己不感兴趣的项目直接说不。所以当他对这个项目感到兴奋并想要参与其中时,我非常高兴。

测试很简单。我们让研究参与者躺在成像仪中,对适用于他们现在和未来的自己,以及适用于现在和未来的其他人的性格特征词汇做出判断。

虽然以前的研究人员在这些神经科学研究项目中使用乔治·布什作为"其他人",但我们认为这不是一个好主意。其中一个原因是,与之前的研究项目相比,在我们进行研究的时候,他已经变成了一个更有争议的总统。

那么,我们应该用谁来代表"其他人"呢?我们决定让本科生来帮我们解决这个问题。我们要求他们选出他们熟悉的最知名但争议最少的人。马特·达蒙和娜塔莉·波特曼这两个答案获得了多数选票。

那是 2007 年,放在今天我们肯定会选出另外两个人,但我们的目标是找到大家都知道的人,而且是不容易引起争议的人。我们想确保我们在大脑中看到的任何差异都是合理、正当的,而不是由于其他原因,比如强烈的喜好或厌恶。

图 1 显示了大脑中负责区分自我和他人的部分在测试中发生了什么。这些线代表了流向该区域的血流量,这是一种测量大脑

某部分在你思考或感觉时活跃程度的方法（更多的血液意味着更活跃）。

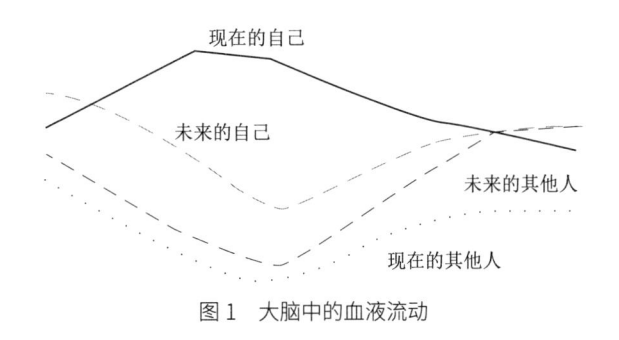

```
         现在的自己
        ／‾‾‾＼
       ／      ＼
    ／ 未来的自己 ＼
   ／  ‒ ‒ ‒ ‒ ‒ ‒ ＼____
  ／ ·······          ＼
       ······  未来的其他人
         ······
           现在的其他人
```

图 1　大脑中的血液流动

让我们把横轴看作扫描任务中的时间：左边是向参与者展示某个性格特征词汇的时候；中间是这个特征词汇被展示后大约 4 秒的时候，在这个时间点上，你能清晰地看到大脑特定部位因某些特定思想引起的血液流动状况。

你可能很快就意识到发生了什么。看"未来的自己"这条虚线——这是大脑在思考未来的自己时产生的活动。它最接近想到另一个人时所产生的活动，无论那个人出现在现在还是未来。[16]

这一点值得再强调一次：我们大脑中的那个未来的自己看起来更像另一个人，而不是现在的自己！

我的导师克努森让我再做一次这个测试，以确保这些发现是真实可靠的。因此，我又在成像仪前度过了两个月的不眠之夜，而且同样的结果再次出现。

其他研究也得出了类似的结论，[17] 让我分享一下其中我最喜欢的一个，它使用了一种叫经颅磁刺激（TMS）的神经成像工具。经颅磁刺激会在大脑中发送一个小的磁脉冲，有效地关闭目标区域。对慢性抑郁症患者，通过经颅磁刺激打开和关闭大脑中参与情绪调节的部分，是目前能显著改善抑郁症症状的方法之一。[18]

大脑中有一小部分叫颞顶叶连接处，它帮助我们代入他人的思维，这样我们就能产生同情他们的情绪，进而站在他们的角度看问题。当研究人员"关闭"颞顶叶连接时，参与者并没有突然变成冷血的反社会者，但他们在衡量同理心的量表上的得分确实有所下降。因此，他们不能像以前那样容易地被代入他人的思维。

这是最疯狂的部分。人们不仅很难进入他人的思维，也很难进入未来的自己的思维。当大脑的思维旅行区域被关闭时，人们会选择马上花更多的钱，而不是把钱存起来。[19]

当对他人感同身受的能力下降时，人们也很难对未来的自己感同身受，人们会把未来的自己当作其他人来对待。为什么要为退休储蓄？那个年长的自己只是一个陌生人而已。

感知怪癖：无法看清未来

我们倾向于形成这种思维方式，即把未来的自己看作其他人，很可能是出于一种基本的感知怪癖。

如果你在厨房的窗外看到两只在近处嗡嗡飞来飞去的蜜蜂，你能清楚地看到两只蜜蜂。但如果你看到远处的两只蜜蜂时，就很难区分它们了。它们的图像很可能会模糊在一起,更难分辨出一只蜜蜂在哪里,另一只又在哪里。

当我们比较现在的自己和未来的自己时,类似的事情也会发生。正如心理学家萨沙·布里茨克和梅根·迈耶所描述的那样,人们能够在现在的自我和不远的未来的自我之间看到清晰的界限。这就像窗前的那两只蜜蜂一样,我们也可以很容易地看到今天的自己和 3 个月后的自己之间的差异。[20] 然而,当被要求比较 3 个月、6 个月、9 个月和 12 个月后的不同的未来自我时,这些自我被认为是相对近似的。这种将未来自我融合在一起的倾向甚至出现在我们的大脑中:那些遥远未来的自我,共享着同一种神经活动模式。

我们很难看到远处物体的细节,而我们未来的自己,那些在时间距离上很遥远的我们,同样可能是模糊的。相比之下,现在的自我是非常生动的,就像一个触手可及的物体。这表明,那个遥远的自己不被视为"我们"的部分原因,可能在于我们无法清楚地看到他们。

正如我们将在第七章讨论的,我们可以使用一些技巧来提高对未来自我的感知能力。

把未来自我当作陌生人,很糟糕

当然,把未来的自我想象成其他人只是一种类比。我曾经在一次面向财务投资顾问的演讲中被问到一个棘手的问题:如果未来的自己真是是另一个人，我们能和他们结婚吗？我说不能。[21]

同样，这也是一个有用的类比。如果我们把未来的自己想象成其他人，那么我们为什么有时对他们很糟糕就有答案了。不为那些暂时显得遥远的陌生人节食、存钱或锻炼身体是可以被理解的，尤其当我们有一个生龙活虎的现在的自己，一个感到饥饿、懒惰，同时真的很想要那部新 iPhone 手机的自己时。

记住，有时候我们可能从根本上是自私的，常常以增加自己的幸福而不是他人的幸福的方式行事。如果未来的自己是另一个人——一个陌生人，那么也许我们没有一个令人信服的理由为他行事。

但是，我们的行为并不总是自私的。

我们每时每刻都在牺牲——无论是为了我们的孩子、我们最好的朋友、我们年迈的父母、我们的配偶，还是为了我们的同事（至少是我们喜欢的那些同事）。

说得再清楚一点：我们可能会把未来的自己看作其他人。但真正重要的是，他们是什么样的其他人。[22]

如果未来的自己是陌生人，就像你几乎不认识的同事一样，那么我们当然没什么理由为他们牺牲。就像我们变成吸血鬼、父母或任何其他的自己一样，我们永远无法真正知道未来的自己会变成什么样子。但是，如果我们认为遥远的自己在情感上更接近我们，更像是最好的朋友或爱人，那么我们更有可能在今天做一些对我们的明天有益的事情。

在下一章中，我们将更多地了解如何建立与未来自我的关系，以及这些关系如何在我们生活的重要领域创造不同。

本章重点

○ 我们无法真正了解未来的自己,因为当我们变成未来的自己时,我们的想法和感受可能已经以我们无法预料的方式发生了变化,但我们仍然可以关心和规划这些未来的自己。

○ 不同版本的我们分散在时间线的不同位置。我们可以把这些自我想象成一系列环环相扣的链条。但随着时间的推移,链条中的某些环节可能会被削弱,以至于遥远未来的我们可能看起来更像陌生人。

○ 我们对待陌生人的方式与对待自己的方式不同,我们常常不会考虑陌生人的利益。如果我们未来的自己看起来像陌生人,就难怪我们经常今天做了事情,明天就后悔。

○ 我们通过各种方式看到遥远未来的自己,就好像看到其他人一样,但重要的是我们与其他人的关系如何。

第三章

与未来自我建立积极联系

1773年,本杰明·富兰克林给他的朋友雅克-巴伯-杜堡写了一封信,他在信中表达了希望能在大约100年后复活的愿望。富兰克林迫切地想看看,他曾经帮助建立的这个国家百年之后会变成什么样子。

但作为一个发明家,富兰克林并不简单满足于抽象的愿望。[1]他深入研究了复活的逻辑:"我希望我是正常死亡,然后再和几个朋友一起被浸泡在一桶马德拉葡萄酒中。"他希望,一个世纪之后"被我亲爱的祖国那太阳般的温暖所唤醒"。

很难想象,还有比这更极端、更不可能的与未来的自我连接的方式了。可是到了今天,越来越多的人正设法实现富兰克林200多年前的设想。这当然不是和一群朋友泡在一大桶甜酒里(尽管这听起来确实是一种有趣的自我保存方式),而是被放在一个充满氮气的钢桶里,然后将温度骤降到0℃以下。

永生的前景

20世纪60年代末,琳达·麦克林托克和弗雷德·张伯伦不约而同地读到了一本晦涩难懂的书,名为《永生的期盼:未来人体冷冻设想》(The Prospect of Immortality),这本书讲述了关于保存生命的概念。在当时,这个想法还是名副其实的科学幻想。然而,当两个人在南加利福尼亚州的一次关于人体冷冻技术学术社区会议上相遇并坠入爱河后,他们决定认真探索冷冻保存的可能性。他们还有一部分动机源于弗雷德的父亲,他中风了,身体非常虚弱。

1972年,弗雷德和琳达夫妇在亚利桑那州的斯科茨代尔成立了他们的冷冻保存公司——阿尔科(Alcor)。那里的气候干燥,而且相对不容易受到诸如飓风、龙卷风、暴风雪和地震等自然灾害的影响,这些自然灾害困扰着美国的许多地区。可想而知,没有人希望他们平静的死后生活被洪水或倒塌的建筑物打断。

4年后,弗雷德的父亲成为阿尔科公司的第一位冷冻患者。他现在居住的场所已经颇为先进,和一排排其他冷冻躯体的保存箱放在光鲜亮丽的大厅里。这与公司成立之初的样子已经大不相同。那时候,阿尔科公司只有一位患者(弗雷德的父亲)和五位同意死后被冷冻的会员。现在他们的公司拥有近200位患者和近1400位会员。

到今天为止,人们保存躯体的基本方法大致不变:一旦一个人被宣布合法死亡,负责人体冷冻的工作小组就会迅速前往死亡地点,然后人工恢复躯体的血液循环和呼吸。接下来,他们将会把患者的躯体放入冰浴池中,患者的躯体在降温的过程中会受到大约 10 种药物的保护。如果他们需要乘坐商业航空公司的航班飞往阿尔科公司,他们的血液就会被一种器官保存溶液所取代,然后再被小心地运送到斯科茨代尔,在那里,"冷冻保护剂"会被注射到患者的体内(防止他们的身体和器官未来可能遭受损害)。在接下来的 5~7 天里,患者的身体被冷却到约 –195℃,这使躯体可以在理论上以固态保存数千年(不过以目前医疗和技术进步的速度来看,阿尔科公司估计他们的患者只需要等待 50~100 年)。

这种做法是寄希望于未来的人们会继续发展这项技术,使这些患者最终"复活"。一些冷冻的客户只冷冻了他们的头部和大脑,因为这些人认为如果复活的技术最终被发明出来,到时候应该也会有再生身体的技术。不过,还有大约一半阿尔科公司的客户决定冷冻他们的整个身体——虽然需要花很多钱,但他们还是不想在陌生人的身体里复活。

极端情境下的思考

也许我太受现有科学范式的限制了,但花 20 万美元做这种手术的想法,看起来……太贵了,说到底,这是把钱花在对未来的希望上,而不是花在真正有科学证据的东西上。然而,从某种程度上来说,听这些人体冷冻公司的客户谈论他们未来的计划,还是件鼓舞人心的事情。

对他们中的许多人来说，他们对最终能够复活的信仰，源于希望与过去和现在的至亲建立连接。（事实上，最年轻的冷冻患者只有两岁。当她被诊断出患有脑癌，并最终死于脑癌时，她的父母决定将她冷冻起来。）

琳达似乎也是如此。我问她，当她最终被复活时，最想知道或看到的是什么。停了一会儿，她痛苦地说出："嗯……是弗雷德！"（弗雷德于2012年被冷冻保存。）

虽然我对冷冻保存技术本身还有许多问题（比如，停电了怎么办？这显然不会引起过大的担忧，因为深度冷冻技术只需要一个兢兢业业的工人适时地将液氮加满就可以了），但是我更好奇的是琳达和她未来的自己的关系。

从很多角度看，琳达——和人体冷冻这个领域——代表了对一种观点的极端思考，即我们与未来的自己的关系会如何影响我们的决定、行为和自身的健康。从字面上就能看出，似乎任何愿意花钱进行冷冻保存的人，都必然会感觉自己与遥远未来的自己有很大的关联。

果不其然，琳达现在的生活就充分反映了她与未来琳达之间的紧密联系。在坚持了20年只吃素食之后，现在的她已经完全成了素食主义者。在阅读了一篇将植物性饮食与预防认知能力下降联系起来的研究论文后，她做出了这一转变。在锻炼和饮食方面，她认为自己所做的一切都是为了大脑的长期健康，因为如果她有任何潜在的神经退行性病变，身体的复活将变得更加困难，而复活本身已经有许多困难了。

琳达可能是个例外。她有关延长寿命的观点肯定处于社会共识的边缘，尽管这些想法已经开始被主流科学慢慢接受。她与未来自我的紧密联系，以及由此产生的促进健康的行为，可能看起来有些极端，但人体冷冻领域有很多像她这样的人。事实上，在由这些延长生命支持者组织的一次名为"消除衰老"的会议上，当与会者被问及他们与那些非常遥远的自己（比如，到180岁时）有多少联系时，相较于没有参加会议的健康成年人群体，他们与未来自我紧密的联系感明显更高。[2]

这是有道理的：如果与未来自我没有这么紧密的联系感，这些人完全可以找到其他方式来消费这20万美元。

测量你和未来的"你"的关系

很显然，与未来的自己紧密联系起来，对那些想要冷冻躯体以延长生命的客户来说是件自然的事情。但这个发现引发了一系列更大的问题：我们与未来的自己的联系方式在其他情境中也一样重要吗？我们与这些假想生命——未来的自己——的关系究竟有什么实际意义呢？

这些都是我一直以来想要回答的问题。

第一个挑战是要弄清楚如何询问关于未来的自己的问题。毕竟，如果你不习惯用积极的方式思考未来的自己或你与他们的关系，那么这一系列问题就可能令人困惑。

以下是你不应该提的问题：你不应该问别人对未来的自己有

多喜欢,至少,不要向美国大学生问这个问题。

当我第一次尝试衡量人们与未来的自己的关系时,我就是这样问的,结果几乎每个人都说:"哦,我爱未来的自己。"或者差不多这样的话。³

不过,我真的不认为每个人都会觉得对未来的自己有如此强烈的联系感。事实上,如果他们真的有这样强烈的联系感,我们就不会看到那么多让未来的自己陷入困境的案例了。如果事实真像他们所说的那样,你会发现本地的健身房更拥挤了,唐恩都乐甜甜圈也不会成为全美的连锁店了。

我想,一定有另一种方式来揭示我们与未来的自己的真正关系。

答案来自一位温文尔雅的心理学家,他叫阿特·阿伦。阿伦是纽约州立大学石溪分校的心理学教授。大多数时候他都穿着一件浅色毛衣(米色、棕色,有时也有格子图案),里面是一件纽扣衬衫,肩上挎着一个背包。

20 世纪 70 年代,在加利福尼亚大学伯克利分校读研究生时,他迫切希望找到一个适合自己的研究课题。⁴ 那时,正常的做法是研究一些以前没有人研究过的东西。当他绞尽脑汁想课题的时候,他爱上了伊莱恩,直至今天他们已经结婚 40 多年了。所以在选课题的时候,他决定研究他当时的感受:爱,或者更具体地说,是浪漫的恋爱关系。这种关系是如何开始的,是什么让这种关系在漫长的婚姻中能够维持下去,爱的生物学基础又是什么。

虽然阿伦最出名的是他和伊莱恩提出的 36 个灵魂拷问,即如果想进入一段恋爱关系,你就要问自己这 36 个问题——这些问题是他和伊莱恩一起提出并发表的,但他和妻子一起进行的另一项研究同样具有很大的影响力。[5]

他们共同提出了一个关于亲密关系的理论,并指出亲密关系中有一个关键因素是你的伴侣(或心爱的人)被包含在了你的自我意识中。例如,你曾经忘记一个故事究竟是发生在你身上还是发生在你的伴侣身上,就是一种将你的伴侣纳入你的自我意识中的表现形式。[6]再比如,如果你对伴侣的升职感到同样的兴奋,就像你自己升职一样,这也是一种证明。当杰里·马圭尔告诉多萝西·博伊德,她让他完整了的时候,①也表明爱如何创造出了重叠的自我,因为我们觉得没有伴侣的自己是不完整的。

阿伦夫妇想出了一个简单的图(图2)来诠释这种"彼此的自我融入"的概念。这组图展示了7组圆圈,它们从完全分开到几乎完全重叠。[7]

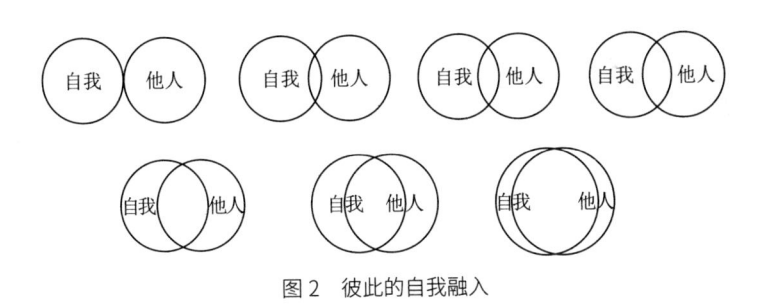

图 2 彼此的自我融入

虽然图示很简单——"选出一组最能代表你与伴侣关系的圆

---

① 1996年美国电影《甜心先生》的情节。——编者注

圈",但答案却很重要。参加测试的人选择重叠的部分越多,他们就越有可能在 3 个月后仍然在一起,说明他们对自己和伴侣的关系越满意,也越愿意对自己的伴侣做出承诺。

决策、行为与投资

当我开始尝试衡量我们与未来的自己的关系质量时,我正和一位叫特丝·加顿的硕士生一起工作。她偶然发现了阿伦夫妇的"圆圈测量法",并询问这个方法能否对我们的研究有所帮助。

这让我们的研究立刻变得有意义起来。已经有一些测试被证明可以成功地测量我们与其他人之间的联系,所以,我们也可以用它来评估我们与未来的自己的关系质量,因为未来的自己也有点像其他人,至少从我们大脑认知的角度来看是这样的。

我们决定从小范围开始,首先让一群本科生去选择一组圆圈来描述他们与未来的自己有多"相似"。具体来说,我们让他们考虑的是与 10 年后未来的自己的关系,因为这样可以让我们更多地看到人与人之间的差异。[8] 毕竟,如果让他们考虑一个月后的自己,我们怀疑大多数人都会说他们感觉现在的自己和一个月后的自己会非常相似;如果选择一个非常遥远的时间,比如 40 年后,我们认为大多数人应该会说他们感觉不到相似之处。

我们尽量让这个问题直接明了,只询问相似性。这似乎是一个很好的开始:你越觉得和陌生人之间有很多的相似之处,就会越喜欢他们,越觉得和他们有联系。我们认为,人们面对未来的自己时也应是如此。[9]

我们还给研究参与者提供了一系列财务上的选择，他们必须在立即收到小额资金（例如，当天晚上获得 16 美元）和稍后可以获得大笔资金（例如，35 天后获得 30 美元）之间做出选择。[10]

如果我们与未来的自己的关系确实很重要，即如果我们与未来的自己的亲近感有助于我们做出正确的选择，那么无论是在投资人体冷冻技术上还是为退休做好储蓄上，我们在圆圈刻度上的答案都应该与财务选择上的答案相匹配。事实上，社会亲密度在其他决定中也起着重要作用：如果我们感觉别人在情感上与我们亲近，我们就更有可能放弃金钱，而把钱给别人。[11] 因此，理论上，那些感觉与未来的自己更相似的人，应该在财务决策上显得更有耐心，更愿意等待以获得更多的金钱，而不是现在就拿到一小笔钱。

不过我还是不确定我们最终会发现什么，毕竟，表达与未来的自己的联系的想法仍然是相当抽象的。当然，给人们一个画着圆圈的图片也许会让它更具体一些，但是我们的小范围内调查结果真的会与财务选择对应起来吗？

结果说明，人们在选择哪一组圆圈与他们延迟获得支付的意愿之间的确存在显著的相关性。简而言之，人们认为现在的自己与未来的自己越相似，他们就越有可能等待更大的奖励。

好吧，怀疑论者可能会说，这是一个很酷的发现，但这项研究只涵盖了本科生……在当晚的 16 美元和大约一个月后的 30 美元之间做一个想象中的选择，有什么意义呢？

这是一个合理的批评，所以我们决定深入研究。我们又招募了 150 个人，但不是大学生，而是让不同社群的成员加入我们的研究。我们没有向他们提出上文中那个拿钱的问题，而是详细记录了他们的财务状况。

结果再一次证明，我们与未来的自己的关系很重要。那些感觉与未来的自己更相似的人的确积累了更多的资产。

当然，可能还有其他因素可以解释未来的自己和你的资产之间的关联性。例如，你可以想到，年龄较大的人会觉得与未来的自己的关系更紧密，而且，由于他们的年龄较大，他们也更有可能积累财富。然而，当我们控制了年龄、教育、收入和性别等因素之后，我们发现未来的自己和资产之间仍然存在关联。

美国消费者金融保护局对来自全美 50 个州的 6000 多名美国人进行了问卷调查，调查内容涉及收入、年龄、种族、教育程度、责任心和外向性等个性特征。这一次，调查人员不再使用圆圈来测量，而是简单地询问受访者：觉得自己与未来的自己的"关系紧密"程度，评分范围是 1 到 100。[12] 结论再一次说明，人们感觉与未来的自己的关系越紧密，他们的存款就越多，整体财务状况也越好。即使我们考虑了人口统计学和个性特征，这种相关性也仍然成立。[13]

我们在研究大脑时也看到了类似的结果。还记得之前我们说在神经层面上，未来的自己看起来更像另一个人，而不是现在的自己吗？这是一个平均下来的状态。一般来说，大脑对未来的自己的反应方式与对陌生人的反应方式是类似的。然而，取平均状态的问题在于，它可能会掩盖人与人之间有意义的差异。

当更仔细地观察这些数据时，我们注意到，在思考未来的自己和现在的自己时，大脑的活动差异相当大。对一些人来说，未来的自己看起来真的很像另一个人；但对其他人来说，这种差异要小得多，未来的自己看起来其实更像现在的自己。

我们怀疑人与人之间存在的这种差异可能是有意义的。先前的研究发现，如果你想到一个和你非常相似的人——你最好的朋友、你的伴侣、你的至爱，你的大脑和你想到自己时的大脑其实差异很小。[14] 换句话说，亲近感会反映在你的大脑活动中。

接下来我们决定看看，这种大脑的差异是否可以预测人们的各种财务决策。在扫描他们大脑的两周后，我们的研究参与者回到了实验室参与一项快速决策的任务。

他们需要在可以立即获得小额资金和必须等待才能获得大额资金之间做出选择。（测试的选项是真实的：他们会在一段时间后真的收到钱。）

果然，根据大脑活动，未来的自己如果看起来越像另一个人，人们在财务上的选择就越缺乏耐心。换句话说，未来的自己的"他者化"越强，人们就越倾向于选择今天就能得到小额资金，而不是等待后获得大额资金。[15]

更高的心理健康水平

这些与未来的自己的关联，以及这对我们决策产生的影响，超越了简单的金钱问题。例如，人们越感觉到与未来的自己有关联，就越有可能选择道德水准较高的做法。这是因为，从实际角度看，如果你选择一种回报丰厚但道德上有异议的做法，就意味着你将今天置于明天之上。（你把被抓到的风险转嫁给未来的自己。）另外，人们与未来的自己关联越紧密，在高中和大学的成绩就越好，也更可能锻炼身体。[16]

对我来说，与未来的自己的关联性研究中最令人印象深刻的结果，是以心理健康的形式出现的，特别是对生活的满意度。[17] 早在1995年，近5000名年龄在20~75岁之间的成年人参与了一项名为"美国中年发展"的调查，他们回答了一系列关于他们当前特征的问题（比如，他们有多冷静、多有爱心、多聪明），以及他们认为自己在未来10年会如何发挥这些特征。那些感觉与未来的自己更亲密的人认为，现在的自己和未来的自己之间在性格特征上有更多重叠；相反，那些与未来的自己不那么亲密的人，更有可能把未来的自己想象成一个有不同特征的人。

10年后的2005年，这些成年人再次接受了调查。我的学生乔伊·赖夫掌握了这个测试数据的结果，并意识到它可以让我们"检查"人们最终是否成了未来的自我。谁最终对自己的生活更满意——是那些设想未来有更多变化和差异的人，还是那些设想未来和现在的自己有更多相似之处的人？

结果是那些设想未来有更多相似性的人最终胜出了：现在和未来自我之间的重叠程度与幸福感之间的关联性，要比人们预想未来有更多变化与幸福感之间的关联性高很多，无论这种预测的变化是积极的还是消极的。[18] 当然，也有可能是因为那些看到未来会有更多相似性的人通常过着更稳定的生活，并希望能继续保持这种状态。不过在研究中，我们还是仔细地调整了那些可能影响幸福感的因素，比如人口特征和社会经济地位等。

我们有必要花点时间来认真思考这个结果，因为我认为它揭示了我们与未来的自己的关系的本质。想象一下，回到1995年，你找了两个生活环境相似的中年妇女，并让她们预测10年后的自己和现在的自己有多相似。如果一个人预测现在的自己会与10年后的自己更加相似，而另一个人预测的是有更多变化，至少从我们调查的数据结果来看，认为相似的人将在10年后对自己的生活更加满意。

为什么会这样呢？我们可以看出，那些看到自己现在和未来之间有更多相似性的人，往往会更愿意存钱、更频繁地锻炼，并做出道德水准更高的选择。虽然我们不能完全确定，但很可能是多年间积累的这些行为使他们过上了更满意的生活。

但是，这一发现——与未来的自己相似度越高，生活满意度就越高——是否与我们都应该努力提升自我、改变自我的价值观背道而驰？应该不会。

研究人员萨拉·莫洛基和丹·巴特尔斯发现，当人们思考是什么让他们觉得现在的自己与未来的自己有联系时，他们会自然地把需要自我提升的想法纳入其中。[19] 我能感觉到自己与未来的自己是有联系的——他和我是相似的，有着某种关联，但我仍然期望随着时间的推移，我会在那些让我成为"我"的事情上做得更好。我不会成为一个不同的人，但是我要成为一个更好的人。

因果关系的讨论

社会科学的陈词滥调是这样说的："相关性不等于因果关系。"确实如此。到目前为止，我一直在讨论的结论是，与未来的自己建立牢固关系和长期的自我提升行为有关——这些都代表了相关性。但是仍有问题悬而未决：究竟哪些是因，哪些是果？

是与未来自我的紧密关联让我们在做财务决策时更有耐心，还是那些更富有、更有耐心的人最终会与未来自我的关联更紧密？

为了正确回答这个问题，你最好戴上疯狂科学家的帽子，找几千人参加一个大型实验，并把他们分成两组。[20]

你给其中一组一大笔钱，看看这是否改变了他们与未来自我的关联程度和相似程度。而对另一组，你想办法让他们觉得自己与未来自我会产生更多的关联，然后看看他们是否会因此更积极地去做有益于未来的事。

这样的实验最终将告诉你，与未来自我的紧密联系是否会产生更好的行为，还是说这个因果关系的箭头会倒转过来。然而到目前为止，还没有人真正做过这样的实验。不过，这些因果关系可能是存在的。如果你觉得与未来的自己有更多的联系，你就会想要在他们身上投入更多。与此同时，如果你的生活稳定而舒适，那么你会更容易提前考虑未来，并与你想要成为的人联系在一起。（事实上，随着年龄的增长，他们的生活会变得更加稳定，他们也会认为自己与未来的自己的联系程度更高。）[21]

不过有令人信服的证据表明，这个因果关系的箭头更像是单向的。

第一个证据来自对数千名成年人的调查，我们观察到，在过去一年获得大笔金钱的人（比如中了彩票或继承了一笔遗产）与那些没有那么幸运的成年人相比，他们与未来自我的联系程度并不高。换句话说，更好的财务状况并不一定会导致现在和未来的自己之间联系更紧密。[22]

第二个证据来自我之前提到的丹·巴特尔斯和他的同事奥列格·伍明斯基。他们要求即将毕业的大学生阅读一篇短文，文章的观点要么是他们在大学毕业后看到自己的核心人格特征发生很大变化，要么是他们这些特征几乎不会发生变化。在面对立即得到小礼品券和需要等待才能得到大礼品券两个选择时，那些读到现在和未来的自己有更多相似性的人显得更有耐心。这只是一个简单的干预实验，但它表明，改变你与未来自我的关联性，可以增加你为"他们"采取更多行动的意愿。[23]

也许，我还可以推测，这也会增加你为他人考虑的意愿。

与未来连接，超越现在

阿恩·约翰森 32 岁时，被诊断出患有肌萎缩侧索硬化症。他这么年轻却只剩下几年生命真是巨大的悲剧。阿恩是 4 个孩子的父亲，在他居住的社区里非常活跃，而且还是孩子们的体育教练。

他最大的孩子瑞安在他确诊时只有 11 岁。

正如瑞安告诉我的，他和阿恩关系非常亲近，所以他们深入而详尽地谈论了父亲所面临的现实。

虽然他们每天都花大量的时间在一起，但瑞安注意到，他的父亲在确诊后就开始每天花几个小时写信。当阿恩的运动能力恶化时（病情发展得相当快），打字开始变得困难。20 世纪 90 年代初，精密的智能听写技术还不存在。"我记得他一直在打字，然后，当他不能再打字时，我们在他的轮椅上安装了机械臂——它们会帮助他把手伸出来，他的手指上有小橡皮头，这样他就能按下打字机的键。"瑞安回忆道。

当这种原始的技术最终失效，并且阿恩的健康状况不断恶化时，家人为他雇了一名护士。即使是这样，阿恩也继续通过口述给护士的方式来写信。

瑞安也想成为一个照看者，他在每天早上去学校或参加足球训练之前，都会向父亲问好。大约在确诊 3 年后的一个早晨，瑞安发现他的父亲"离开了"。

瑞安现在是旧金山南部小城圣布鲁诺的警察局局长，他已经习惯了处理异常困难的情况，但他还是承认，发现父亲离开的那一刻他感到特别糟糕。对许多人来说，那是"你永远记得的时刻——看到你父亲失去了生命"。

然而，这并不是他对那个早晨最深刻的记忆。

相反，在得知父亲去世后，他去找母亲，告诉她发生了什么事。10 分钟后，母亲递给瑞安一个马尼拉纸的信封。

里面是一封来自阿恩的短信。

比起死亡带来的创伤和与之相关的消极情绪，瑞安对那封信的记忆更深刻。信不是写给其他孩子的，也不是写给妈妈的，而是直接写给他的。虽然只有一段话，但是这封信"帮我度过了也许是我年轻时最痛苦的时期，度过了那个我希望父亲在，他却不在身边的困难时刻"，瑞安这样对我说。

他不知道的是，他还会收到更多这样的信。在其中一封信中，阿恩写道，他并不害怕死亡——在被确诊的时候，他已经接受了这个事实。他最害怕的是在未来的岁月里不能陪伴他的妻子和孩子。他意识到，他的孩子在所有成长过程中的关键时刻——那些纯粹喜悦的时刻——将会永远笼罩在他的缺席而带来的悲伤之中。

因此，为了减轻这种悲伤，他决定写信给孩子们，让他们在未来几乎所有重要时刻都能感受到他的存在。

现在，瑞安已经 40 多岁了，他已经收到了很多封信：父亲的葬礼上，父亲的一周年忌日时，他的高中和大学毕业典礼上，他的婚礼，以及他第一个孩子出生的那天，等等。甚至还有一封信在等待着他第一个孙子的出生。

阿恩写了几十封这样的信——给其他孩子的、给妻子的，也有给其他人的。

这些信件有力地提醒了我们，即使在人们去世后，我们仍然可以保持与他们之间的联系。在思考未来自我，以及自我不复存在之后，阿恩最终塑造了其他人的未来自我。

因为这些信，瑞安仍然觉得和父亲很亲近——父亲对他的影响很大。更令人意想不到的是，这些信还会让他的孩子们更好地了解他们的祖父，了解他的声音、他的个性和他的"自我"，所有这些似乎都在信中隐约可见。

父亲的来信甚至促使瑞安成立了自己的公司。20年前，他成为一名警察，当时他在圣地亚哥警察局工作，被分配到一个暴力事件高发的社区。

在工作的第一年，他就被卷入了一起事件，身中数枪。虽然他的父亲曾"奢侈"地用几年时间来规划他的余生，但瑞安发现他自己随时可能因为工作丢掉性命。

于是，他开始坐下来写信。然而，这项任务非常困难——他花了很长时间才写完半封信。

他想也许可以用网络摄像头录一段"视频信"。然而，事实证明，这也比他预期的困难。他录制了一段视频，本来是为了在女儿婚礼当天送出祝福，结果他却一直在啜泣，并说了许多含混不清的话。

瑞安的这种挣扎促使他创立了EverPresent公司。瑞安试图通过这家公司为所有人提供一个论坛，在论坛上，人们无论是否健康，都可以制作"遗产"视频，以便在他们去世后发给亲人。

正如瑞安所指出的，虽然这一切来自一个警察局局长听起来很奇怪，但是视频的制作实际上遵循了一套标准的审讯技巧：用户被问及一系列问题，目的是让他们最后能讲述一个故事。事实证明，这比坐在摄像机前，没有真正的剧本或胡乱讲要容易得多。

对瑞安来说，这个过程对他产生了重大的影响。因为制作视频让他可以更深入地思考他所爱的人，拉近了与他们的距离。EverPresent 的其他用户也有类似的经历。例如在一篇推荐文章中，一名用户指出，虽然他只为母亲购买了会员，并将其作为她的圣诞礼物，但母亲录完视频后，这就成了一份给全家的礼物。

还有另一个好处是，当瑞安思考他的身后之事时，这些视频能让他在面对死亡时更放松，部分原因是他知道他不会给家人留下任何遗憾。

由于对死亡的恐惧感减轻，他作为警察在面临关键决策时刻时反而更容易表现出同情心。"你在拔出枪之前，可能会更愿意谈谈。"他告诉我。这是因为如果你死了，你知道你和家人会在很多事上有更多联系，即使只是以视频"信件"的形式。

除了瑞安，斯坦福医疗保健中心的医生也和他们的患者进行了类似的写信项目。为了让患者更深入地思考他们的临终愿望，缓和照顾①的医生引入了一种以信件为形式的引导指示。虽然与瑞安在 EverPresent 取得的成就不太一样，但他们使用的策略是相似的。医生让患者写下现在对他们来说最重要的事情，他们认为生命结束时最重要的事情，以及他们希望家人如何记住他们。这样做可以让患者更完整地向医生表达他们的选择偏好。[24] 在某种程度上，清晰且记录良好的临终计划可以让人获得"更好"的死亡体验（对患者和看护人都是如此），这样的写信练习可以让生

---

① 缓和照顾：当患者患有对根治性治疗或延长生命的治疗不再反应的疾病和患预期寿命相对短的疾病时，多功能执业团队对患者和他们的亲人提供的积极的、整体的和全人的医疗与照护。——编者注

命中最困难的阶段变得容易一些。[25]

这里有一个更重要的经验。对像德里克·帕菲特这样的哲学家来说，考虑与未来自我的联系性可以让死亡变得不那么可怕。如果我们认为只有一个"自我"，那么当死亡到来时，生命就结束了。"死后，"帕菲特写道，"活着的人将不再是我。"[26]

但是，如果我们的生活被定义为一系列单独自我的集合——他们彼此之间具有某种程度的关联性——也许死亡就不会引起那么多的恐惧。是的，就像帕菲特指出的那样，死亡会在"我现在的经历和未来的经历之间"制造一道巨大的鸿沟，"但它不会破坏其他关联性"。我们可以一直活在所爱之人的心中。自我的微光得以最终幸存。

这种洞见的意义在于，我们不需要被我们的面孔、兴趣、记忆或躯体所定义。这些特征肯定会在死亡后不复存在，而其他特征则会存续下去，通过我们最亲密的关系存续下去。无论是通过我们传授给他人的核心价值、给他们留下的印象，还是他们讲述的关于我们的故事，我们都可以在去世后继续影响这个世界。

问问瑞安就知道了，或者问问阿尔科公司的人。

认识到不同自我之间的联系性随着时间的变化可以强烈地影响我们的行为和生活满意度。无论是在财务决策、健康选择、道德选择还是与死后的亲人建立联系上，与远方的那个自己保持紧密的联系都会带来积极的结果。简而言之，你越接近未来的自己，就越能更好地为未来做准备，不管未来会发生什么。

不过在我们讨论如何弥合现在和未来自我之间的鸿沟之前（我们将在本书的最后一部分讨论），了解与遥远自我建立联系的负面效应也是很重要的。当我们与未来自我的联系破裂时会发生什么？缺乏与未来自我的联系，能够解释我们在日常生活中经常犯的错误吗？

本章重点

○ 现在的自己与未来的自己之间的联系，在我们做决定的过程中起着至关重要的作用。

○ 与未来自我更紧密地联系，会带来积极的结果。

○ 这些改善的结果可以在很多领域看到，比如更好的财务状况、更积极地锻炼身体、更好的成绩和更高的心理健康水平。

○ 加强你与未来自我的联系性，可以提升你为未来自我采取更多行动的意愿。

第二部分

思考未来

我们容易掉入的思维陷阱

第四章

被放大的当下

当美国团购网站 Groupon 在 2008 年成立时,它的业务重点聚焦在由"群体激发"而产生更大力度的折扣,即必须有一定数量的消费者购买某个商品,交易才能进行。作为一名囊中羞涩的研究生,当时的我认为这家公司提供了非常好的服务,所以我经常很开心地购买那些我"需要"的或者我觉得需要的东西的优惠券。

Groupon 成立大约两年后,我搬到了芝加哥,开始为攻读 MBA(工商管理硕士)的学生授课。这意味着我常穿的休闲风短裤和 T 恤显得不够得体了,我需要一些适合在讲台上穿的正装。

我看到 Groupon 网站上两件正装衬衫只要 90 美元时非常开心。这不是我在 Groupon 上第一次购物,我很清楚使用优惠券带来的诱惑。我知道我很可能买一堆超出优惠券限定的东西,然后在那些我不需要的衬衫上花比 90 美元多得多的钱。换句话说,原本想要省点钱,结果给自己弄破产了。

不过我找到了一个解决办法。我问我的妻子是否愿意陪我去逛逛街，让她帮我只买两件衬衫。在我看来，这是我深思熟虑之后的颇有先见之举。

在我们约定的购物日来临之前，我已经开始有点担心自己会超出预算——这家店在芝加哥高级购物区密歇根大道附近，店名里有一个很高级的词"Clothiers"。

我们走上楼梯后，一位英俊、穿着讲究的导购迎接了我们，他叫杰克。他的头发梳得整整齐齐，扣领衬衫十分合身。我还没来得及说"我是用 Groupon 团购的"，他就立刻握了握我的手，问我们是否想喝点什么——茶还是咖啡，抑或来点葡萄酒或者啤酒？好吧，我觉得来杯啤酒就挺好的。

当他拿着我们的饮品回来时，我再次试图告诉他我要用团购券，但他上来就问我们今天过得怎么样，并恭维我穿得很好看。不过最后我还是告诉他，我有两件衬衫的优惠券，而且今天就只想买这些。

"当然，当然，"他说，"不过，先让我给您展示一下我们的西装。"

"不，不，"我抗议道，"我真的只想买两件衬衫而已。"我甚至试图告诉他，既然他已经赞扬过我穿的衣服，那除了那两件衬衣，我为什么还需要买别的衣服？但我最后还是没说出口。而且，他就是专门干这个的，他很清楚自己在做什么。

"好吧，"他让步了，"只要两件衬衫。但是我们会经过西服区，所以我还是顺便给您看看。"

他告诉我，西装分为三类。"低档"西装的价格约为 500 美元。中档西装，显然是"大多数顾客"都会购买的类型，大约 900 美元。最后一档呢？一套西装大概要 18000 美元。

18000 美元是什么概念？

我问他，为什么一套西装这么贵？当然，面料确实看起来不错，或者说是我见到的最好的面料，但说到底它就像一套普通的条纹西装。

杰克特别强调这些衣服都是手工缝制的——完全按照顾客的要求缝制，非常合身。但是那些细条纹呢？"您可以仔细看看。"他接着说。当我走近那套衣服时，我立刻发现那些细条纹是……有印字的。

"想想吧，"杰克用一种梦幻般的语气说道，"你的衣服上可以到处写着'哈尔，哈尔，哈尔，哈尔'！"更重要的是，这套衣服上的细条纹是用液体黄金浸泡过的，就好像这套西装已经不只是一套西装了。

很明显，我没有买那套西装。我宁愿用这笔钱买一辆新车！不过说句实话，我也不认为杰克真的想说服我。

然而，他所做的是——而且相当有效——把我的注意力吸引到了一个价格上，而这个价格比我准备花的 90 美元要高出很多。

一个小时后，我拿着 4 件——是我想买的两倍——衬衫的收据，自豪地告诉妻子（和我自己），至少我没有被骗着花一大笔钱买一套我本来就买不起的西装！

我们被锚定在当下的感觉上

杰克所做的就是把我锚定在一个很高的价格上。作为一个有才华的推销员，他知道我可能会被这个数字震住，然后更愿意购买比我原定的两件衬衫更多的东西。

你可能听说过这个心理现象，这个时髦的概念已经从行为经济学领域进入了大众对话。它的基本观点是，当我们做出涉及数字信息的决定时，有时会过于关注最初的那个数字，进而无法调整它在我们脑海中设置的那个锚。

当一艘船在海中抛下锚时，它就会在离锚很近的地方停泊。当然它也可以往其他方向稍微漂动一点点，但到最后，它还是会在最初抛下锚的地方停下来。

我们对数字的认识也是如此。我们的思想被固定在一个初始值上，即使我们知道可以且应该远离它，但还是很难做到。我知道我永远不会花两万美元在这种高级购物区的门店买一套印着"哈尔"细条纹的西装，但是当我过于关注这个大到离谱的价格时，我就忽略了一件事：即使多花 100 美元，也比我原计划要多得多。

这种锚定的概念是我们时间旅行时犯下的第一个错误的核心。就像即使相互并无关联，我们也会过于关注最初的那个数字一样，我们常常过于关注现在的自己。过分关注"现在"成了我们思想的锚，进而扭曲了我们对未来的决定。

举个例子，假设你精心计划了一次旅行，要去一个遥远的地方。你在飞机起飞前到达机场，然而，通过安检后，你决定在机场酒吧喝几杯。毕竟这是假期！但不幸的是，你忘记了时间，遗憾地错过了航班。

类似的问题也会发生在我们心理时间旅行中：我们不是在心中规划前往未来的旅行，并形成对未来有益的行动，而是被当下所吸引，错过"航班"。换句话说，在做决定的时候，我们太过于关注现在的自己的各种突发奇想，让自己在机场酒吧开心地喝着啤酒，却毫不在意即将错过的航班。

价值贴现

让我试着用神奇的彩票来解释一下发生了什么。我们用一分钟想象一下，你是一个刮刮乐彩票迷。[1]

每周都有几天，你早晨先买一张彩票，然后在开始工作前坐在办公桌旁刮开它。在这个秋高气爽的日子，你把彩票和一杯热咖啡放在手边然后坐下来。

你慢慢刮开彩票，突然发现，你中了 1000 美元！当仔细查看这张彩票时，你发现上面写着一行字："你中了 1000 美元！6 个月后可兑换。"

你有点失望，因为你巴不得能够马上兑现这笔钱；但即便如此，你的银行账户里也是会多出 1000 美元。你离买彩票的便利店只有一个街区的距离，由于很兴奋，你决定溜达过去和店主伊兹分享这个好消息。

当你进去告诉伊兹你中奖时，他表示，由于你们最近成了朋友,他很乐意现在就把钱付给你。当然你也可以选择6个月后收到这笔钱(就像彩票上面写的那样)。

为什么等6个月?如果你现在就可以得到1000美元,或者在一个月内得到同样数额的钱,你很可能现在就拿钱走人。

其实这种选择就像我们错过航班的场景,我们离当下的自我太近了——我们选择了现在拿钱,而不是以后。但是,我们很难发现:现在就拿1000美元优先于6个月后拿到同样的金额,这个想法其实是错误的。

假设你中1000美元这个事已经过去几周了。现在是11月的一个雨天,你桌上还放着彩票和咖啡(你想,既然已经中了一次,为什么不再试一次呢?)。你刮开彩票。要么你是史上最幸运的彩票玩家,要么那家便利店是个风水宝地,你又中了一次!同样,这次奖金还是1000美元,也是在6个月后兑换。

同样,你决定去便利店告诉你的朋友你最近一连串的好运气。也许他会再次提前把钱给你,但这次到了便利店,店主建议你做点别的。

"听着,"伊兹说,"我可以在6个月后把你中的1000美元给你。如果你愿意,我也可以现在就给你钱,但这次我需要抽成,所以我能给你990美元。"

此时,你是应该选择立刻得到较少的钱还是等6个月后拿更多的钱?出于各种原因,立刻拿钱可能是有道理的。比如,你能否用较少的钱去实现更多的事情?你能用这笔钱投资或者做点什么,这样未来的你就能获利?

如果是这样,那现在拿 990 美元可能不是个错误。关键是在某些情况下,选择现在较少的钱比在未来得到更多的钱更有意义。当你选择较少的钱时,这被称为"未来奖励的贴现价值"。换句话说,你对未来回报的重视程度低于现在就得到回报。[2]

如果你一直中彩票,而伊兹一直降低你马上能拿到的金额——980 美元、970 美元……500 美元……到某一个点时,你可能会说:"好吧,好吧,我还是等这 1000 美元吧!"放弃 100 美元、200 美元或任何对你来说"差不多"的金额,都是不值得的。

我凭什么说你在这些情况下做出的选择哪个是错误的?也许你现在就需要这笔钱,所以你选择拿到 900 美元、600 美元或者其他金额,而不是等整整 6 个月。如果你有一个很好的理由,那么没有耐心是可以理解的。

但真正的时间旅行的错误——因为在机场喝酒而错过航班的错误——在于我们贴现了未来奖励的方式,而这并不是我们所认为的理想的行为方式。你的确想去旅行,你也订了机票、酒店,研究了旅游指南,只是那个当下的自己在那一刻做了个糟糕的选择。

当下的选择与理想中的相反

你觉得在拉斯维加斯,什么能够产生最大的赢利?老虎机、21 点赌桌、酒店套房、精心准备的表演秀,还是奢华的饮食?其实这些都不是。拉斯维加斯真正的印钞机其实是各种各样的夜总会。

在客家山（Hakkasan）、陶氏（Tao）、珍珠（Jewel）这样的大型夜总会里，一些世界上最著名的 DJ（迪厅、酒吧等场所的音响师）在凌晨一两点开始他们精心准备的演出，直到黎明时才结束。这些有很多层的夜总会里挤满了排队数小时或花大价钱避免排队的人。顾客们在入场费和饮料上花费了大量的钱（卡座的话可以达到数千美元），一些 DJ 一个晚上的收入就高达数十万美元。

但很多年轻的 DJ 很难保住这些天上掉下来的钱。最著名的一位是艾佛杰克，他每年能赚数百万美元，但他挥霍了大部分。几年前，他已经拥有一辆法拉利、一辆奔驰和三辆奥迪，他决定再买一辆法拉利，结果这辆车仅仅开了 45 分钟就撞毁了。他奢华的生活方式还不仅体现在汽车上。他租了一艘 80 英尺[①]长的游艇来庆祝女儿的生日，并租了一架私人飞机（花费了 38000 美元）送自己去演出。

在《纽约客》对这位身高 2 米多的超级巨星的介绍中，他似乎意识到自己的生活方式至少可以被认为是"古怪的"。但是当被问及这个问题时，他给出的答案至少代表了部分人对未来极端贴现的独特描述："如果有人给你一大堆冰激凌，你会怎么做，把它们放进冰箱吗？不。你得把它们都吃了。"[3]

我觉得这种想法是可以理解的，即使我们没有人能真正理解艾佛杰克的实际情况。如果我们不马上吃，冰激凌就会融化的这种思考方式，往往让我们高估了生活中正在发生的事情的重要性。

[①] 1 英尺约等于 30.48 厘米。——编者注

我们优先考虑机场的啤酒，而不是明天到来的假期；我们愿意待在舒适的沙发上，而不是站起来上跑步机。

这种欲望也导致了之前我说的，我们选择的行为可能与理想世界中的行为正好相反。

偏好逆转：一种认知陷阱

让我们快速回到彩票的例子。你与朋友在便利店有过几次有趣的交流后，他决定向你提出一个问题。"想象一下，"他说，"一年后，你再次中奖。你可以在 6 个月后把你的 1000 美元全部拿走，也可以来找我马上把你的彩票换成 900 美元。"

换句话说，他想让你想象的是，你可以在一年后得到 900 美元，或者等一年半才能得到全部的 1000 美元。

你会怎么说？你会告诉他，你宁愿一年后就得到 900 美元，也不愿等一年半后得到全部的 1000 美元吗？我猜你会选择等待更大的那一笔钱。换句话说，在一个理想的世界里，你的首选行动方案应该是需要付出更多耐心的方案。

那么，当两种选择都发生在很长一段时间以后（比如一年或一年半）时，我们会选择更大的一笔钱，但如果是在现在和 6 个月后之间做出选择，我们往往会选择更少的那笔钱，你不觉得这两种选择逻辑很不一致吗？从逻辑上说是这样的。但从现实上说，随着未来离现在越来越近，我们反而越来越难表现出耐心，进而似乎越来越难用有利于未来的自己的方式行事。相反，我们把注意力逐渐转移到现在的自己身上。

事实上,在一项研究中,就像我刚才展示的那样,人们被给予类似的选择,我们会经常看到这种偏好反转的证据。[4] 所谓偏好反转是指,在没有即时奖励的情况下,人们确实会更重视未来,进而表现得更有耐心。但是,当现在(或接近现在)就能获得奖励时,未来和它所代表的一切就会迅速贬值。

下面是一个典型的研究例子:当人们在 8 天内获得 30 美元和 17 天内获得 34 美元之间选择时,人们通常会选择等待更大的奖励。但是,当其中一种奖励现在就可以得到时,比如,马上得到 30 美元,而 9 天后得到 34 美元,人们的选择偏好就会发生反转,即人们会选择金额较小但能立即得到的奖励。[5]

你也可以在其他领域找到这些行为模式。比如,你是想一周后得到香蕉、苹果、巧克力棒,还是一些坚果(不是那种未经烘烤的、无盐的生涩坚果,而是真正好吃的坚果)?

如果你像许多被问到同样问题的研究参与者一样,你可能会选择在一周后得到一个健康的食物。但一周后,这些人又面临同样的选择,只不过这一次,奖励是马上就能拿到的。他们中的大多数人——我敢打赌你也可能会做同样的事情——改变了选择的方向,他们选择了垃圾食品而不是健康食品。[6] 当我们为未来的自己选择时,我们会选择香蕉,但当现在的自己参与进来时,我们最终会选择现在就狼吞虎咽地吃巧克力棒。[7]

这种行为被称为"对未来奖励的极度贴现"[8],其实与我们许多人希望避免的行为有关,甚至在某些情况下,我们是可以预测这些行为的，例如，吸烟、酗酒、药品依赖和使用兴奋剂，甚至肥胖和沉溺赌博。

你也可以在动物身上观察到这种偏好反转。例如，当鸽子有 2 秒或 6 秒的时间可以吃谷子时，只要这两种进食时间的奖励都是发生在未来某个时间，它们都愿意等待，以获得更长的进食时间，也就是 6 秒。或者更确切地说，这个"未来时间"是从鸽子的维度来说的：较短的进食奖励时间要等 28 秒，较长的进食奖励时间则要等 32 秒。事实上，在这种情况下，每只鸽子都选择了等待，以获得更长的进食时间。

然而，当小奖励的等待时间为 2 秒，大奖励的等待时间为 6 秒时，鸽子的行为就像我之前提到的吃垃圾食品的人类一样：它们会选择更快得到少一点的食物。[9] 老鼠也表现出同样的行为方式。[10]

实际上，我们在日常生活中可能很难觉察到这种"清晰的"偏好反转。我们很少遇到这样的情况：我们首先表达出明确的行为偏好，然后在面对诱惑时改变方向。更常见的是，我们对未来某一时刻的行为有一般性偏好。例如，你可能想成为一个吃健康食品的人，但是当夜幕降临时，尤其是经历了一天繁重的工作后，你很可能发现自己已经吃了一袋花生巧克力豆，而不是对你的身体更好的苹果。

一只紧抓在手的麻雀胜过千只飞鸟

为什么我们是如此冲动的生物？面对即时满足，我们为什么不能坚持长期的偏好呢？

一种解释围绕着未来的确定性展开，更确切地说，是未来的不确定性。动物和人类都不知道未来会发生什么，与等待某种奖励的承诺相比，马上抓住一个确定的奖励则更为稳妥，风险也会更小。

当然这就是"一鸟在手，胜过两鸟在林"这句古老谚语背后想要表达的意思。这句谚语第一次出现在 7 世纪："宁可一只麻雀抓在手里，也不要一千只在空中飞来飞去的鸟。"（总结出这句谚语的人还提出了一些与动物有关的类似建议，比如"羊蹄在自己手里，胜过羊肩在陌生人手里"。）[11]

很长一段时间以来，我们似乎已经意识到，未来没有任何保证，因此，追求目前可用的东西可能是明智的，即使它只是一只羊蹄。[12]

因此，我们最终被"当下"所束缚的原因之一是"当下"比其他任何东西都更可知。

这种解释在直觉上很有吸引力。然而值得注意的是，我们生活中仍然有很多情况，即使未来是相当确定的，我们也仍然会选择让未来的那个自己失望。（想想选择苹果和巧克力棒的对比研究。美国几乎不存在苹果被吃完的可能，但我们仍然无法拒绝甜点带来的即时愉悦。）[13]

那么，我们为什么要优先考虑当下呢？为什么我们让自己被锚定在当下，即使它会在未来付出代价？当然，这里的答案并不简单，部分原因是过分强调当下的重要性不只有一个原因。然而，还是有不少令人信服的解释。

当下更易被感知

利兹·邓恩是不列颠哥伦比亚大学的心理学教授，她是国际上研究幸福的顶尖专家，也是一名狂热的冲浪者。几年前，我和她一起吃午饭，当时我们正在等待上菜，我随口问她有没有什么好的冲浪故事可以讲给我。

"等等，我们是从来没聊过冲浪吗？"她问。从她困惑的表情来看，我觉得我应该错过了什么大新闻。她接着说："我有没有告诉过你……我被鲨鱼咬过？"

公平地说，我一般不记得别人告诉我的事，但我肯定会记住这样的事。她的故事听起来和你能想象到的鲨鱼袭击故事一样。

她当时在夏威夷，雇了一个导游带她去当地的一些景点——正如她后来告诉我的那样，你不希望自己走错地方。一波海浪把她从向导和她的朋友身边冲散了，她静静地趴在冲浪板上，这样就可以划回朋友的身边。然而，她平静的心态被脚下巨大的颠簸打破了。她开始以为是一只笨拙的海龟游到她的冲浪板上了，结果突然有什么东西咬到了她的腿，她吓了一跳，她的潜水服上留下了三个大洞，伤口一直深入骨头。

她紧接着看到鲨鱼巨大的尾鳍，在颇具威胁地绕着她转了一会儿之后，谢天谢地，它终于游开了。

她后来告诉我——如果非说这次经历有什么比较有趣的

点——"这次经历的有趣之处在于,之后所有的记者都试图问我有关当时场景的细节。比如'你当时漂出去了有多远?''鲨鱼长什么样子?'之类的。我说我真的不知道!"就像电视剧《法律与秩序》里的场景一样,她被领着看了一排不同种类鲨鱼的图片,但无法找出真正的罪魁祸首。(她现在在教授社会心理学时,会用这个逸事来讨论目击者证词的不可靠性。)

不出所料,当时她所有的注意力都集中在正在发生的事情上,以及鲨鱼是否会游回来再次向她发起攻击。从情感上说,她怎么可能不专注在那一刻发生的事情上呢?或者用她的话来说:"这可不像我在考虑今天晚餐吃什么……或者我该如何计划退休生活!"

这是一个关于习惯的极端例子:我们非常关注当下。此时此地往往会占据我们的思维带宽,阻挡我们对未来的思考,即使当前发生的事情远没有鲨鱼袭击那么险恶。这一观察被她写在了那次夏威夷之行几年后发表的一篇研究论文中。她和她的合著者写道:"你看到的当下这一刻似乎是被情绪这个放大镜放大过的。"[14]

换句话说,我们在任何特定时刻,当下感受到的情绪可能比我们过去感受到的情绪或我们可以想象到的未来情绪都更加重要。

如果你有写日记的习惯,回想一下你写的某些主题和你在写它们的时候的感受。过去的事情在你的生活中有多重要、多激烈、多耗费精力!我敢打赌,其中的任何一个主题,当你身处其中时,你经历的情绪起伏可能都比你现在回顾过去时要强烈得多。

即使你没有写日记的习惯,也可能会想出一些例子,将当下的情绪用放大镜显露出来。比如"眼大肚子小"的经历:饿着肚子在杂货店买了很多食物，但当你吃过晚饭或冰箱里腾不出地方时，才意识到自己买得太多了。

经济学家用"本能因素"解释了我们的注意力被过度吸引到当下的情形。[15] 如果我们饿了、渴了，或者在某些本能的或笃信的事情中感到缺失了什么，我们会尽最大的努力来弥补这种需求，即使这会让我们做出一些以后通常会后悔的事情。

当我们屈服于这些本能的冲动时，就好像有一个冲动、蹒跚学步的我们，战胜了更有耐心、成年了的我们。用更生物化的术语来说，在大脑中，我们有一个多巴胺系统（幼童），也有一个与前额叶皮质相关的系统（明智的成年人）。

多巴胺系统会对我们眼前的事物产生情绪反应。它帮助我们理解环境中一切事物的价值，不管是好的还是坏的。相比之下，前额叶系统让我们在脑海中保持大局观，帮助我们在面对诱惑时表现出耐心。我们对这些系统的了解，部分来自观察前额叶受损患者的情况，他们患有一种被称为环境依赖综合征的疾病。[16]

如果没有前额叶皮质来引导你，你最终会完全依赖多巴胺系统，从而根据你对周围环境的感觉来行动。20世纪80年代，法国神经学家弗朗索瓦·莱尔米特用感人的笔触描述了一位这样的患者。

最令人心酸的一幕发生在莱尔米特医生把他的患者带到公寓里时。一看到医生卧室里的床，这位患者就很自然地脱下衣服，躺在床上，好像马上就要准备睡觉似的。（显然，20世纪80年代的隐私标准与现在不同，因为当时这篇期刊文章中详细刊登了整个过程的照片。)[17]

由于前额叶皮质功能不全,患者想到什么就做什么。他累了,就爬到最近的一张床上,不管这张床是谁的。

在一个不那么极端的案例中,研究人员巴巴·希夫和亚历山大·费多里欣让人们在一块巧克力蛋糕和一份水果沙拉之间选择(我想我不需要在这里详细说明哪种食物更能让人动情)。巧克力蛋糕更有可能被选中,这不是一件令人惊讶的事,但这只发生在前额叶皮质承受压力时。实际上,其中一组研究参与者被要求在蛋糕和水果沙拉之间做出选择时,要同时记住一系列数字(这是一项耗费脑力的任务!),他们是所有被测试人群中最有可能选择蛋糕的人。[18]

这一发现中有一个能应用于21世纪的小结论:就像传统的建议一样,与他人互动时,把你的手机放在另一个房间可能是有意义的。毕竟,即使是手机铃声或振动的嗡嗡声这样的偶然干扰,也可能会使我们倾向于关注当下,而放下与朋友和家人培养感情这种大目标。[19]从长远来看,和他们培养感情比刷最新的社交媒体帖子更有意义。

同样,我们高估我们能立即得到奖励的原因之一,是我们当下的情绪可能会超越对未来自我的期望。在前额叶皮质的帮助下,我们有时可以抑制那些过于强烈的情绪,并将目光放在长期的奖励上。然而,当我们分心——这是经常发生的——或者在那一刻情绪压力太大的时候,我们就屈服了。

正如我之前所暗示的那样,这个推理方法为我们提供了一种解释，说明了为什么我们有时会选择现在而不是以后的视角，即使我们一开始并不打算这样做。而另一个令人信服的解释则与我们思考时间的方式有关。

时间观念的"扭曲"

爱因斯坦有句名言："和一个漂亮女孩在一起待一小时，感觉就像一分钟；坐在热炉子上一分钟，感觉就像经历了好几个小时。这就是相对论。"我一直以为这只是一个思维实验，直到我在《科学美国人》上读到一篇题为《爱因斯坦的热时间》的文章。

据说，一天中午过后，爱因斯坦决定验证一下他的想法。为此，他首先从车库里拿了一个好久没用过的小炉灶。然后，他尴尬地打电话给他的朋友查理·卓别林及其美丽的妻子保莉特·戈达德，问保莉特是否介意和他一起待一个小时。

在和保莉特待了感觉差不多一分钟之后，爱因斯坦看了看手表，果然，将近一个小时就这样过去了。他假设的第一部分得到了证实！

然而，他研究的第二部分却不得不提前结束，因为爱因斯坦最后在医生的办公室里发现他的左臀轻微烧伤。[20]

直到读了这则逸事多年之后，我才意识到它可能只是一种讽刺。然而，它提出了一个严肃的观点：时间的流逝是相对的。或者，更确切地说，我们感知时间流逝的方式是相对的——同样的客观时间可能会令人感觉更长或更短，这取决于发生了什么。

这是耶鲁大学的研究人员在一系列实验中得出的结论。这些实验要求被测试者只能用纸和笔来描述，感觉某个特定时间段有多长。研究人员向参与者展示了一条线，左端标记为"很短"，右端标记为"很长"。要求不同的小组勾选 3 个月、1 年和 3 年在主观上的感受。

客观地说，我们都知道 3 年比 1 年长、1 年比 3 个月长。然而，主观的时间感知并没有反映到这些差异上。主观上，1 年的时间跨度只是 3 个月时间的 1.2 倍（客观地说，这本来应该是 4 倍）。更奇怪的是，人们在 3 年的跨度和 1 年的跨度上感受起来差不多。

换句话说，离"现在"越远，他们对时间长度的感觉就越会被压缩。[21]

这项研究的重要意义在于，从现在到明天的一整天，感觉似乎比 3 个月后同样的一整天要长。同样，考虑一下你对长途飞行或开车的感受：一开始你可能感觉整个旅行会用时很久，到中途的时候，随着离目的地越来越近，你会感到最后的几个小时似乎越来越长。[22] 这说明了这一点很重要：如果一段时间令人感觉非常漫长，那我们就很难有耐心并最终得到回报。[23]

想想这种时间观念上的扭曲可能对你意味着什么：你会被当下发生的事情过度影响。如果你必须在 4 周后获得 100 美元和 6 周后获得 125 美元之间做出选择，这两种奖励时间差似乎相对较短，你可能会愿意等待更大的奖励——毕竟只有两周！但是，当你把两种奖励都调得离现在近一点儿，比如让你在现在得到

100美元和两周后得到125美元之间做出选择时,这两周的差距可能会让你主观感觉持续的时间更长。这种时间感受上的延长,可能会让你很难在当下做出有耐心的行动。最后的结果是,我们以一种特殊的方式对待当下。

然而,我们所说的"当下"究竟是什么意思呢?鉴于"当下"所具备的独特心理力量,这似乎是一个需要回答的重要问题。当然,答案似乎显而易见——当下就是现在!就是这一刻!但我希望把这个显而易见的答案复杂化。

就其核心而言,"当下"的概念实际上是一连串的转变。让我用毛毛虫的例子来解释一下。

什么是"当下"

我女儿小时候和许多其他两岁的孩子一样,对《好饿的毛毛虫》这本书非常着迷。读完这本书,我不禁发现,毛毛虫从小小的毛毛虫最终蜕变成美丽的蝴蝶的过程,就像时间从现在走向未来一样。

这个比喻让我印象深刻(可能是因为我每晚都为孩子读艾瑞·卡尔的这本书)。所以,我找到了加利福尼亚大学河滨分校昆虫学副教授山中直树(他是世界上研究昆虫变态的专家之一),问了他一些问题。

这是我第一次和真正的昆虫学家交谈,而不是和一个对虫子很感兴趣的小孩交谈。这次对话达到了我所有的期望。在对话开始前，山中直树向我展示了装着几十只果蝇的小瓶。当他把注意力转向描述毛毛虫到蝴蝶的过程时，他变得活跃起来。

山中指出，当你把毛毛虫称为毛毛虫时，或者把它称为别的东西时，科学家有一套非常清晰明确的标记系统。这个生物不停地移动，并吃掉眼前看到的一切，这一时期它就是一只毛毛虫。当它们停止移动时——既不是毛毛虫也不是蝴蝶——它们就被称为蛹。它们破茧而出后，就变成了蝴蝶。

时间的划分似乎也可以遵循类似的模式。

如果被追问起来，我们大多数人都会同意存在一个当下和一个未来，但两者的起点和终点在哪里呢？

昆虫学家清楚地知道一只虫子什么时候是这样的、什么时候是那样的，但心理学家却不清楚什么时候当下会让位于未来。相反，我们每个人都应该自己来决定什么时候结束当下、什么时候开启未来。在我和多伦多大学教授萨姆·马利奥一起进行的研究中，我们向数千人问了这个问题。就像毛毛虫—蛹—蝴蝶的三阶段生命周期一样，我们的研究参与者被要求给出他们对时间的总体印象，他们需要明确地区分三个时间板块：当下、一些"介于两者之间"的时期（有点像蛹）和未来。[24] 由于没有明确的结束当下与开启未来的定义，人们给出的回答有"当我从一个任务转移到另一个任务时，未来就开启了""每个当下持续大约三天时间""当我完成这个奇怪的研究时，当下就结束了"，简直是五花八门。要想与参与者相比看看你的答案在什么位置，请看图3。[25]

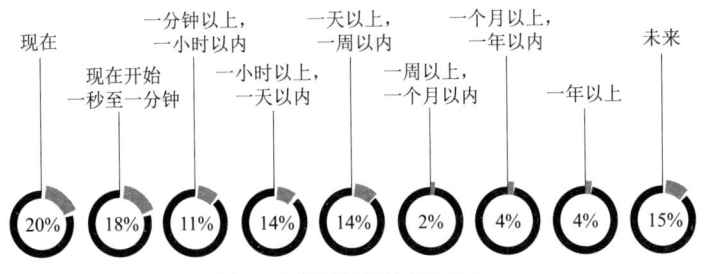

现在	现在开始一秒至一分钟	一分钟以上，一小时以内	一小时以上，一天以内	一天以上，一周以内	一周以上，一个月以内	一个月以上，一年以内	一年以上	未来
20%	18%	11%	14%	14%	2%	4%	4%	15%

图 3　人们对时间的总体印象

但是有一点显而易见：没有人在给我们答案时显得为难，即使他们对时间的定义不同。也许这是事实，因为我们在当下这个时间板块中花费了一生中绝大部分时间。正因为如此，它是我们最看重的。

山中分享了一个与此相关的事实，一些似乎没有出现在儿童书中的东西。他告诉我，在毛毛虫的"脊椎"区域有所谓的"成虫盘"。如果你解剖毛毛虫，这些微小的细胞群看起来就像微型的DVD（数字通用光盘）。虽然许多细胞随着时间的推移而死亡，但这些特定的分组会标记它们最终蜕变成什么样子。有的变成眼睛，有的变成腿，还有的变成蝴蝶的翅膀。换句话说，毛毛虫体内已经蕴含了创造未来的基石，那个蝴蝶的自我。而且值得注意的是，如果解剖成年蝴蝶，你仍然可以看到它幼虫时的残余，那个毛毛虫的自我。

从这些细胞研究中，我们可以得出一个关键点：我们很容易将当下和未来分开，但往往不能认识到每个"当下"如何加起来共同构成一个整体的未来。

发生在当下的自我身上的事，感觉比其他任何事情都重要。我们想在机场酒吧来一杯啤酒，我们不想骑健身自行车，巧克力甜甜圈在呼唤我们的名字。考虑到当下强烈的吸引力，我们重视当下是有道理的。回到我和萨姆·马利奥的研究中，那些认为"当下"看起来特别重要的参与者——意味着当下在他们的脑海中占据了更多空间——最终会分配给想象中的长期储蓄账户更少的钱。现在越大，未来越遥远；未来越遥远，他们当下的自己对未来的关注就越少。

通过这种方式过度强调"当下"，我们把当下当成了时间线上独立出来的一段无尽的时间，而事实并非如此。我们标记为"当下"的每一个时段都会变成下一个"当下"。我们就像饥饿的毛毛虫，快乐地吞食着自己的水果和糖果，完全没有意识到自己很快就会变成蛹，然后变成蝴蝶。简而言之，我们忽略了未来会面临的变化，这会导致当未来的自己无法适应自己的"当下"时，我们会感到非常失望。我们最终变成了失望的蝴蝶，对在毛毛虫阶段做出的选择充满遗憾。

把当下的优先级放得太高，并因此错过航班，不是我们在心理时间旅行中犯下的唯一错误。我们即使认识到当下和未来之间的联系，也可能无法以现实的方式对待未来和未来的自己。我们就像一条相信自己会变成蚱蜢的毛毛虫。我将在下一章讨论这种行为倾向，我称之为"糟糕的旅行计划"。

本章重点

○ 我们的第一个时间旅行错误是过于关注当下,而没有考虑未来。出现这种思维倾向至少有三个原因。

- 第一,当下比未来更确定,我们宁愿现在就拿到奖励,也不愿以后赌一把。
- 第二,我们当下感受到的情绪似乎比期望未来的自己能感受到的情绪更加强大。
- 第三,时间在当下感觉好像过得更长,这使我们更没有耐心。

○ 我们可能没有意识到现在的自己会逐步累积起来,成为一个未来的自己。

第五章

会思考，但不够深入

莫扎特，这位伟大而不朽的音乐天才，其实并不符合我们对音乐神童的刻板印象。

他每天练习几个小时吗？并没有。

他特别用心地做过规划吗？也没有。

正如传记作者描述的那样，莫扎特更像是一个热衷聚会的人，而不是一个认真做事的成年人，他算是一个"非常沉迷于各种娱乐"的人。[1]

毫无意外，他也不是一位以能够快速完成作品而闻名的音乐家。事实上，1787年10月下旬，在几乎完成了歌剧《唐璜》的乐谱创作之后，他决定和朋友们出去喝一晚上的酒。快结束时，一位朋友紧张地提醒莫扎特，歌剧在第二天就要首演了，但令这位朋友难以置信的是，这部歌剧的序曲还没有写好！

莫扎特匆忙回到家中，开始创作——但愿他能够准时完成——

这首未完成的序曲。但是，在酒精的作用下，加上时间已经太晚，他总是打瞌睡，于是他让妻子康斯坦策给他讲故事，让他保持清醒。

令人惊讶的是，仅仅三个小时，序曲就完成了。

由于那个时候没有复印机，抄写员只能手工抄写管弦乐队的部分，而且，就像传奇故事一样，最后几页在幕布升起前几分钟才被送到剧院。事实上，乐队成员第一次演奏这首曲子时，纸上的墨迹还未干。[2] 这部歌剧取得了成功，在那次充满惊心动魄的首演过去将近250年后，它仍然在世界各地的歌剧院定期上演。

把事情拖到最后一分钟这个坏习惯，我们很多人都有共鸣。比如蒂姆·厄本，他是很受欢迎的博客"等等，为什么"[①]的创始人。自称"拖延大师"的他，讲述了自己在大学最后一年，如何不断拖延撰写荣誉论文[②]的故事。

考虑到这篇论文需要一年的努力，他计划在前一年秋季开始，到1月份逐步加速，保持一个具有挑战性的工作节奏，到5月份正好完成。但事实并非如此。他为没开始写论文找了一个又一个借口，终于在截止日前两晚才开始动笔。他熬了两个通宵匆匆写完了90页的论文，并及时交了稿。

就像他在博客和TED演讲中提到的，在大约一周后，他接到了一位大学管理人员的电话。

---

① "等等，为什么"（Wait But Why）博客上的文章主题包括人工智能、太空探索和拖延症等。——编者注
② 荣誉论文要求很高，但如果学生在毕业时拿到荣誉学位，会更有含金量。——编者注

"厄本先生,我们需要谈谈你的论文。"管理员说。

"好吧……"蒂姆紧张地回答。

管理员继续说:"嗯……这是我们见过的最好的一篇。"

从厄本讲述的故事中,你很快就能想象到他听到这个消息时有多么震惊。

但是,他停顿了一下,并纠正道:"实际上,这根本没有发生。"事实上,这是"一篇非常非常糟糕的论文"。

如果拖到最后完成的作品都能像歌剧《唐璜》那样得到建设性的意见就好了。然而,我们大多数人的经历更像厄本,而不是莫扎特:拖到最后完成的作品通常不会获奖。

用不深入的方式思考未来

即使你可能从来没有像莫扎特那样拖延,我猜你也对这种行为非常熟悉。在全球范围内,大约 20% 的人是慢性拖延症患者。[3] 虽然人们难以确定到底有多少人在某种程度上有拖延症,但一项非正式调查发现,85% 的人或多或少会因为拖延而感到困扰。[4]

毫无疑问的一点是,拖延症不光对试图完成长篇论文的大学生有害。正如心理学家弗希娅·西罗伊斯记录的那样,拖延症可能还有更严重的后果:慢性拖延症与一系列不良状态有关,包括精神健康状况不佳、焦虑、高血压和心血管疾病。[5] 这种拖延会形成一个恶性循环:拖延症患者会推迟看医生或者跟医生爽约,而这些医生恰恰可以帮助他们减轻一些健康上的困扰。[6]

我们思考一下拖延到底是什么。这个词源于拉丁语 procrastinaire，意思是"推迟到明天"。好吧，这个知识想必你也知道。但更有趣的是，拖延症在概念上也与希腊语 akrasia 有关，这个词的意思是明知某件事不利于自己，但还是去做。[7]

所以，拖延症不只是指把今天可以轻松处理的事情推迟到明天，要知道，拖延下去，你最终也会伤害自己。

站在现在的自己与未来的自己的角度，我们要认真思考一下这个定义。

当我们面临一项不愉快的任务——比如叠衣服，或决定去看心脏病专家——而最终决定不去做时，我们最在意的是避免现在的自己要面对的负面情绪。在某种程度上，正如我们在前一章所讨论的那样，我们被锚定在当下的感觉上。但拖延症带来了一个额外的问题：当把事情推迟到以后的某个时间点时，我们也没有考虑未来的自己有多想避免我们此刻力求避免的负面情绪。

请注意，这并不是说我们没有考虑未来的自己。拖延的时候，我们确实会想到未来和未来的自己……但不是以特别深刻或严肃的态度去看待。

在这种情况下，拖延症代表了心理时间旅行中会出现的第二个错误：糟糕的旅行计划。就好像你要去波士顿度假一周，心里已经有了一些关于到波士顿想做什么的规划。你可能想品尝波士顿特有的美食，也想了解那里丰富的文化历史。但直到登上飞机你才意识到，除了预订了酒店房间，你几乎没有什么切实的计划。也许你还能买到一些蛤蜊浓汤，但如果你希望参观芬威公园或保罗·里维尔的故居——这些景点的票很快就会售罄——你未来的那个自己可能最终会感到失望。

你仍然会去波士顿逛一圈，但这次旅行与你心里计划的旅行已经非常不同了。

所以，时间旅行中的错误也是如此：仅用浅薄的方式思考未来，导致我们最终到达的地方并不是计划前往的未来。就好像我们想要到达一个特定版本的未来，在那里我们快乐、健康、经济上无忧无虑，最终却纵容自己走上一条终点不同的道路。

想让未来的自己去做当下想逃避的事

加拿大卡尔顿大学的心理学教授蒂姆·皮切尔就研究过在这种时间旅行中出现的错误。

在一项研究中，他和他以前的学生伊夫 – 马里·布劳因 – 休顿调查了数百名本科生。（虽然将本科生作为研究对象往往有一定局限性，但他们也提供了一个不按时完成作业人群的极好的测试基础。）科学家询问了学生们的拖延习惯，以及他们眼中与未来的自己的关系。[8] 结果表明，那些对未来的自己有更多相似感和情感联系的人，最不可能无故拖着不完成他们的某些关键任务。

然而，这不仅涉及相似感和情感联系。研究参与者还被问及他们对未来的想象有多生动。假设在这项研究中，你会被要求想象太阳在薄雾蒙蒙的一天从海上升起的景象。在你的脑海中，这个画面有多生动？作为评估的一端，它可能是超级清晰的，你几乎可以直接看到；而在评估的另一端，可能几乎没有什么画面，只能说你仅仅"知道"你在想太阳升起这件事情。

根据布劳因 – 休顿和皮切尔的研究报告，能想象出生动形象的学生，会感觉与未来的自己关系密切，而且也是最不可能拖延的人群。

这些都是相关性描述，但它们也暗示了一些令人信服的事情。如果我们能更轻松、充分、生动地想象未来的自己，那么我们就更不容易把事情拖延给未来的自己，并让未来的自己承担今天不行动的后果。因为我们可以想象在波士顿的那个未来的自己感受到的失望，所以我们更有可能努力计划"正确"的旅行。

我联系了皮切尔教授，问了他很多关于这项研究的问题。我自然会好奇，作为研究拖延症的国际专家，他是否认为自己也有拖延症。

"几乎没有！"他笑着对我说。但是，他表示这不是因为他有某种伟大的品德，相反，他只是认识到了拖延症的本质：一种让未来的自己去做现在的自己想逃避的事情的欲望。

正如他所说："我知道未来的自己不会比现在的自己更想做这件事。我能够共情未来的自己——未来的他将承受巨大的压力，所以不如我现在就做这件事。"

原谅过去懒惰的自己

但当厄本像其他人一样拖延时，他会自我原谅。从本质上说，在以一种有害的方式拖延做某件事之后，你需要承认和接受过去的你做了一些伤害现在的你的事情，然后现在的你必须原谅过去那个懒惰的你。

比如，你在餐桌上堆了一堆文件，它们也许是一些账单，也许是一些你一直想归档的信件，或者是一些孩子从学校带回家的艺术品。（我发誓，这都是假设的。）

这些东西把本应整洁的房子弄得乱七八糟。这会让你的伴侣或室友每天都因为你没有整理而对你更生气，而且你还会把自己置于交滞纳金的危险之中。

显然，拖延清理堆积如山的东西会在很多方面不利于你。

正如我之前提到的，这种情况不断发生的部分原因是，堆积如山的文件会带来很多负面情绪。你可能会为自己又一次没能处理好这个烂摊子而感到难过，可能还会让你想起其他你没能兑现对自己或对别人的承诺的时刻。你可能也会在你的伴侣或室友面前感到越来越羞耻，并且对他们产生一些不合理的怨恨：当然，这堆东西是我的，但是……他们就不能帮忙清理一下吗？或者他们就应该把我昨天已经叠好的衣服收起来，而不是和我抱怨杂乱的餐桌？（同样，这完全是假设。）

避免这些负面情绪的一个好方法就是根本不要去餐厅，也不去清理，最终，日复一日，文件堆积如山。

然而，如果你承认自己做错了，然后原谅自己的过失呢？从理论上说，这样做应该会使这堆乱七八糟的文件带来的负面情绪减少一些。

原谅了自己，你也许会不再那么想逃避某些事情了。想想当你原谅了别人的错误，这给你带来了什么：与他们相关联的愤怒、悲伤等情绪减少了，这至少能够让你更容易再次与他们面对面相处。同样，原谅自己过去的拖延症，会让你更有可能去面对，而不是去逃避你的账单、你需要预约的医生、那些没有回复的信件，以及——是的——那些堆积如山的文件。所有这些事情最终都会让你的生活变得更好。

皮切尔产生了将自我原谅应用于治疗拖延症的想法，并在学校考试期间做了相关的测试。在一个学期中，厄本和他的同事在第一次期中考试之后和第二次期中考试之前，向大一新生发放了问卷。

想象一下，作为一名大一学生，你收到以下这些问题时的反应："你开始学习的时间比你计划的要晚吗？""你是不是为了做其他不重要的事情而耽误了学习？"我确定你会不好意思地回答"是"。

正如你所料，那些拖延的学生在第一次期中考试中得分更低。但研究人员也询问了关于自我原谅的问题。学生们在多大程度上贬低了自己，责怪自己学得不够多？他们在多大程度上想让自己摆脱困境？

事实证明，自我原谅不仅对厄本的个人生活有帮助，也给他和他的同事评估的学生带来了好处。那些对自己更包容的人，不太可能带着强烈的负面情绪去准备下一次期中考试。并且，这让他们更不容易拖延，并提高了他们下次期中考试的成绩。[9]

提醒一下：在我们的生活中，承担责任、道歉和原谅他人并不是一个简单的过程，自我原谅也是如此。例如，我们知道，有些道歉方式对别人不起作用；同样，有些接受道歉和原谅的方式对过去的自己也不起作用。

开车发生剐蹭后，你可以考虑两种可能的道歉："对不起，我撞了你的车——我知道我应该更注意的，我负全部责任"，或者"对不起，我撞了你的车——这是我们目前所处的月球周期而产生的自然结果"。你不必是人类行为方面的专家，也能意识到前者比后者更能得到原谅。

这里的重点是，如果你原谅了自己的拖延，但不愿真正承担责任，那么你就剥夺了自己正面解决拖延问题的机会。这就是心理学家迈克尔·沃尔和肯德拉·麦克劳克林所说的"伪自我原谅"，而且它很可能不会对未来的行为产生任何改变。[10] 相反，如果你想让未来的自己生活得更好，那么现在的你需要真诚地承认自己过去所犯的错误并承担责任。餐厅桌子上的文件堆得乱七八糟不是因为月球周期，而是因为我忙于其他家务。它很乱，因为我选择了回避它，这是我的错。

所以，拖延症是关于我们过去、现在和未来自我之间的一场战斗。它的出现，部分是由于我们倾向于准备"糟糕的旅行计划"——我们会考虑未来的自己，但不是以一种深入或足够严肃的方式。

对未来的感受没有今天的这么饱满

我们以前都有过拖延的经历,并感受过它带来的负面影响。在经历了几次拖延之后,我们难道不应该提前思考自己未来的生活,并且意识到我们给未来的自己制造了多少困难吗?

也许你会这么想。但由于我们心理上的一些特性,想要做到这一点可能相当困难。

这里有一个奇怪的事情:我们倾向于认为,我们对未来的感觉会比我们对现在的感觉模糊一些。比如在一个实验中,研究人员问参与者,如果他们现在赢了 20 美元会有多高兴,然后再问他们 3 个月后赢得同样的钱会有多高兴。

需要搞清楚的是,这不是一个"你想现在有钱还是以后有钱"的问题,相反,这个问题是,如果现在得到一笔钱,你会有多开心,如果将来得到同样的钱,你又会有多开心。

这两个答案应该没有区别,对吧?如果你今天赢了钱,很不错;如果你 3 个月后赢了钱,不应该也很不错吗?

理论上是的,但事实并非如此。参与者说,他们今天赢钱会比未来赢钱更加幸福。[11] 我们未来的情绪似乎没有我们今天认为的那么饱满。

我们很容易看出来,这种倾向是如何使我们更有可能拖延的。我们知道未来的自己会感觉到痛苦,因为他得面对我们今天推迟做的事情,但我们还是欺骗自己,认为未来的自己不会觉得那么痛苦。

回到我的餐桌例子上——现在的自己无法忍受整理那些成堆的文件的想法。然而，现在的自己也会假设未来的哈尔可能不会介意，因为他可能是一个整理机器。

不幸的是，我还没有成为那个未来的哈尔。

从另一个人的视角预测未来

我们很难模拟或想象未来的感觉。更重要的是，我们大多数人甚至没有意识到我们在这个过程中遇到的困难，我们认为自己擅长模拟未来的感受。

为了说明这一点，哈佛大学的心理学家设计了一个快速约会项目。一名男性会先进入一个房间，填写一份"约会"资料，并提供他的照片。

然后，一名女性将与这名男性进行 5 分钟的约会（这项研究是在那些自认为是异性恋的人身上进行的）。约会结束后，她会写一份简短的报告，阐述约会有多愉快。我们姑且称之为"初次约会报告"。

在那之后，其他女性也会有机会和同一个男性约会。但有趣的地方在这里：其中一组女性被要求先模拟约会的经历，即女性得到了这个男人的约会资料，并被要求预测她们会有多喜欢和他约会（在真正约会之前）；另一组被要求通过之前的"初次约会报告"来预测约会的愉快程度，你可以认为这是一种代理人策略。换句话说，为了预测未来，你可以用另一个人来代替自己：他们已经有了你即将拥有的经历，所以为什么不相信他们的报告呢？

唯一的区别是——这是一个重要的区别——一组女性是根据模拟来预测的，而另一组是根据作为约会代理的约会报告来预测的。[12] 想象你在书房里，你会选择哪一个：你自己模拟的结果还是别人的报告？

你如果和这项研究中 75% 的女性一样，你会把票投给自己的模拟，而不是约会报告。我们高度重视自己的观点，而轻视他人的观点。

但哪种预测更准确呢？事实证明，约会代理战胜了自己的模拟，而且还是"大比分获胜"。当谈到女性有多喜欢本次约会时，根据约会代理给出的报告做出预测的女性的准确率，是根据自我想象模拟做出预测的女性的两倍。[13]

主导这个快速约会项目的心理学教授丹·吉尔伯特的实验灵感，来自 17 世纪作家弗朗索瓦·德·拉罗什富科的一句话："在我们对任何事情过于关注之前，让我们先看看那些已经拥有它的人有多幸福。"[14] 这意味着我们对未来经历的预测可能会受益于那些已经有过同样经历的人。

"但是其他人不像我！"你可能会想。当然，这也是真的。但请考虑，虽然我们在很多方面与其他人不同，但确实对各种事情有相似的情绪反应：我们大多数人都喜欢温暖而不是寒冷，喜欢吃饱而不是挨饿，喜欢赢而不是输。不管你来自新泽西州还是内布拉斯加州，冰岛还是中国，我们因环境刺激产生的基本生理反应都是相似的。

因此，接受邻居或代理人的建议所产生的惊人力量，可能可以让我们在预测未来会发生什么事上大有收获，因为人与人之间痛苦和快乐的来源是相似的，所以参考他人的经验是正确的。

在最近的研究中，加利福尼亚大学洛杉矶分校的博士后波鲁兹·坎巴塔为这个观点增加了一些具有现代感的解读。他和他的同事让数千人阅读了一系列文章并对从中获益的程度打分。他还训练了一个人工智能算法来处理同样的任务。你可以把它想象成一个程序，它首先会找出你和成千上万的其他人有什么共同点，然后利用这些人的反应，为你提供基于大众喜好的最佳建议。

就像快速约会项目中的女性一样，计算机代理对人们对文章的反应做出了更好的预测。[15] 当然，很多公司已经在使用算法来预测你的喜好，但它们通常不会预测什么会让你感觉更好，或者觉得你的时间花费得更值得。

在这种情况下，该算法被用来预测人们的消费趋势。但是，这些洞察也可以很容易地被应用到其他通过我们的模拟能力做出的重要决策中，比如住在哪里，上哪所大学，哪种退休或医疗计划最符合我们的需求，甚至包括与谁结婚。在将这个想法视为没有现实基础的未来幻想之前，请考虑一下坎巴塔的说法：对于刚刚说到的这些重大决定中的任何一个，"这可能是我们第一次站在某个十字路口，但之前已经有无数人站在这里过"。这就是为什么他们的意见如此有价值。更重要的是，我们对未来的预测，无论是眼前的还是遥远未来的，都可以通过朋友、邻居和陌生人的集体经验得到极大的改善。

当然，我们中的许多人可能会对这个想法犹豫不决。正如坎巴塔观察到的那样："我们想要认为自己是独一无二的……我们不想感觉我们的生活是可以预测的。虽然我们每个人都有自己的独特之处，但我们可以从他人的集体经验中学到很多东西。"

然而，有了大数据就等于有了一个巨大的数据集，它可以利用你和其他人之间足够多的相似之处，也有可能识别出可预测的行为模式。这样做最终会让人们对未来的自己做出更满意的选择。

邻里之间的建议也很了不得。

我们倾向于提前思考，但不够深入：我们能自己模拟未来的情景，但其实我们可以从代理人的经验中获益更多。拖延症只是"糟糕的旅行计划"导致的错误之一，但它不是唯一的。

作为补充解释，我需要给你介绍一个曾经对任何事都说"是的"的人。

"是的 – 可恶效应"

丹尼·华莱士20多岁的时候，发现自己陷入了有关20多岁的困惑中：他刚刚被女友甩了，工作也不尽如人意，他开始远离社会，拒绝大多数社交邀请和机会。

他编造了越来越多的借口来逃避独处之外的任何事情，在几个月的时间里，他实际上变成了一个"不存在的人"。

直到有一天晚上，他在伦敦等地铁回家。突然，地铁里的喇叭响起，通知乘客列车停止服务，他们需要离开车站，这无疑会让所有经常通勤的人感到沮丧和烦恼。

华莱士向外走到换乘巴士的聚集点时,他开始和一位同行的乘客惺惺相惜地聊起来,这场对话最后变成了对生活的抱怨。当然,这里说的就是华莱士的生活。

那个留着胡子的陌生人只是听着,然后随口建议华莱士也许可以试着多说"是的"。

他真的开始按照这个建议去做事。起初,他只打算做一天。这其实导致了一些尴尬的交流。比如,华莱士接到了一个电话,问他是否需要双层玻璃窗的免费报价。"是啊!是的,需要。"他回答。然而唯一的问题是,他的窗户已经是双层玻璃的了,这是一次令人非常困惑的通话("那你为什么一开始要答应?"推销员最后质问道)。

不久,他的小实验变成了一个大实验。华莱士决定看看,如果他认真对待陌生人的建议,"多说'是的'",也就是对一切都说"是的",他的生活在接下来的 5 个月里将会变成什么样子。

其间,他买了一辆已有 13 年车龄的薄荷绿尼桑车("我看起来就像被放进蓝精灵车里的特种部队大兵"),赢了——马上又输掉了——25000 英镑,积极回应无数诈骗的电子邮件。如果这些听起来很熟悉,是因为华莱士的自传《说 Yes 的男人》(*Yes Man*)其实是金·凯瑞的电影《好好先生》的原型。[16]

这件事还提供了另一个关于"糟糕的旅行计划"的、不算极端且十分有力的例子,我们承诺对未来说"是的",最后又因之前说"是的"而后悔不已。

心理学家不一定会因为给他们的研究成果起了什么酷炫的名字而出名，但在这个特别的案例中，我认为他们选择了一个不错的名字。市场营销学教授盖尔·佐伯曼和约翰·林奇把这种先说"是的"但后来又后悔的偏好称为"是的－可恶效应"。

是的，我会做那件事。可恶！我真希望我没有答应。

在华莱士的实验中，他的一些"是的"导致了大部分人认为很明显的错误：由于"不"不在考虑范围内，他在很多情况下都说"是的"，结果他欠下了巨额信用卡债务，差点在俱乐部被殴打，还开了他根本不需要的抗抑郁药和防脱发药。

然而，"是的－可恶效应"并不总是以如此直接（或愚蠢）的方式出现。想想你上一次被要求对未来做出承诺是什么时候：在工作中做一次演讲，或者指导你孩子的足球队，或者去参加一个朋友的生日聚会，而这个朋友也只是比泛泛之交熟一点而已。

你如果看向未来，看到了一个空白的日历，"是的"似乎是一个显而易见的答案。但当演讲、足球赛季或朋友的生日真正到来时，你可能会发现自己希望在有限的时间里做点别的事情。

简而言之，这就是"是的－可恶效应"。

正如佐伯曼向我解释的那样，这不代表我们在未来3个月里什么事都没有，只是我们认为未来要做的事会比现在少一些。所以，我们被欺骗了，以为未来会是一片充满自由时间的神奇王国。

事实上，在佐伯曼的一项研究中，研究参与者被要求为他们的可用时间打分，分数从1分（今天有更多时间）到10分（1个月后有更多时间）。平均答案是多少？8.2分。[17]

造成这种倾向的部分原因在于我们每天有很多琐碎的事情占用了几分钟甚至几个小时：电子邮件、会议，以及同事、邻居或朋友的来访，你可能还会说出更多。这些事情都是意想不到的小插曲，但会消耗我们的精力和时间。

问题在于，我们不是特别擅长预测这些消耗精力的小事。因此，当看向未来时，我们看到了相对多的空闲时间，但最终我们没能想到我们做出的承诺，会让3个月后的周二看起来像下周二一样忙碌。

然后，当我们的承诺最终为自己增加了更多的负担而不是好处时，问题就出现了。就像拖延时所做的那样，我们在考虑未来，但不是以一种足够现实的方式。

当然，说"是的"也并不总是一个错误。当我找到丹尼·华莱士和他谈论他的"好好先生"实验时，他是这样说的："'是的'是一个充满机会、乐趣、风险和不确定性的词。因为'是的'会引出其他事情——再来一个'是的'——就像推翻多米诺骨牌一样。"华莱士非常有趣，但提到"你经历过的一些最不寻常或最特别的事情——你的故事和你的回忆——都是因为你对某件事说了'是的'"的时候，他变得严肃起来。

你永远不知道说"是的"会带来什么结果，这可能是我们经常倾向于说"是的"的原因之一。作为一个恰当的例子，华莱士给我讲了一个关于《好好先生》电影制片人的故事。在洛杉矶拍电影时，她被邀请参加一个她不想去的派对。离家有一个多小时的路程，她感觉有点远，所以有点不值得去。

但是，她转念一想，你知道吗，我在拍一部讲述对所有事情都说"是的"的男人的电影，所以我还是去参加这个活动吧。在派对的大部分时间里，她只是坐在那里，没有和任何人进行有意义的交谈，直到最后一刻。根据她的描述，当时她正坐在一张桌子旁，谈论着"20 世纪 20 年代银幕上死去已久的小明星"（或类似的话题），这时，不知从哪里传来一个沙哑的声音："我这辈子都在等一位像你一样能说出这种话的女人。"我不会放过这段逸事在形而上层面的意义：这是一段好莱坞式的浪漫故事，故事的高潮在于，故事中的女主角正在高谈阔论着好莱坞的各种老式套路，而她还在制作一部讲述对所有事情都说"是的"的男人的电影。最后，两个人结婚了，而且有了孩子。

就像华莱士所说的，如果没有那个"是的"，他们就不会结为夫妻。佐伯曼（最初对"是的 – 可恶效应"进行学术研究的人员之一）赞同华莱士的观点。说"是的"可以在一定程度上带来好处，因为它会让你去做一些今天可能没有时间做的事情。他告诉我，也许你愿意参加四年级孩子的钢琴独奏会的唯一方法，就是你以为你到那时有充足的时间。"因为如果钢琴独奏会就在今天，我看完日程表，很可能不得不告诉他：'对不起，伙计，我去不了。'"

尽管如此，说"是的"也是很棘手的。当这样说的时候，我们就打开了原本会关闭的大门，但这也会让我们面临一些可能对未来自我造成过度压力和损害的情况。在所有的词汇当中，华莱士告诉我："'不'是一个强有力的词汇，因为我们可以用它作为盾牌来保护我们自己和我们的时间。"并不是每一个"是的"都会改变人生。华莱士说："你在有趣的聚会上和在糟糕的聚会上遇到你未来配偶的可能性是一样的。"这种观察的另一面是，你同样有可能——而且是有更大可能——在任何聚会上都遇不到你的另一半。

多伦多大学市场营销学教授迪利普·索曼认识到了这种微妙的关系，他告诉我，他在自己的生活中实施了一种"不，耶！"的干预方式。当他被要求在未来做出承诺时，他会牢记"是的 – 可恶效应"，对那些他担心会过于烦琐的事情说"不"。聪明的是，他仍然把承诺写在他的日历上，并注明"不同意这样做"。当需要兑现承诺的时间到来时，他可以看着日历说"耶！"，庆祝获得了新的自由时间。

那么，我们如何在说"是的"和"不"之间选择呢？没有简单的解决办法。不过，我确实喜欢华莱士提出的一条建议：对那些不会明显影响到你自己的幸福，也能让别人幸福的承诺说"是的"。如果别人的幸福会变得比你自己的幸福更重要，或者你已经养成了忽视自己日程安排的习惯，那么说"不"可能更有意义。显然，说"是的"还是说"不"要根据具体情况来决定。

因此，我们一直在做"糟糕的旅行计划"：我们会考虑未来的自己，但往往不够深入。在这里，我把拖延症和"是的 – 可恶效应"作为这种做法的典型例子。

我认为这种"糟糕的旅行计划"可能是一个错误，尤其是那些我们最终因为做了（或没有做）而又后悔的事情。不过在有时间的情况下，这个习惯偶尔也会有正面作用。比如，突发奇想预订一个（波士顿的）鸭子船之旅，有时候也会出人意料地好玩。

然而，这个讨论更广泛的意义在于自我认知。当对未来的自己承诺做出某种行动时，我们既要考虑当下自我的幸福，也要考虑未来自我的幸福。未来的我们将会承受多大的负担和压力？我们也要考虑如果以后再做某事，而不是现在做某事，会给我们带来什么样的机会。这一点思考既适用于拖延症，也适用于"是的－可恶效应"。

在第四章中，我谈到了我们过多地锚定现在的自己。而在这一章中，我谈到了我们会思考未来，但不够深入。在下一章中，我将讨论我们同时使用这两种思考方式的情况。当用现在发生的事情来思考未来的事情时，我们有时会犯一个关键的错误：我们过于依赖现在的情绪，去预测那些我们没有充分考虑过的未来。这样做，就相当于我们在行李箱里"带错了衣服"。

现在波士顿是冬天，我们却装了一整箱的游泳衣。

本章重点

○ 关于心理时间旅行的第二个错误是，我们提前想到了未来，但只是在表面上，不够深入。

○ 拖延症就是这种错误的典型例子：由于没有特别深入地

考虑未来，我们无法认识到未来的自己会多么想去避免一些消极的状况，而这些状况正是今天的我们极力想去避免的。

○ "是的－可恶效应"提供了另一个例子：我们可能会对未来的承诺说"是的"，但不会预料到未来的自己会有多后悔。

第六章
过于依赖当下的偏好做决策

20世纪90年代中期,格雷格·蒂茨在他的职业生涯中一路高歌猛进。他是两家小公司的合伙人:一家是广告公司,另一家是卖"稀奇古怪东西"的新奇礼品公司。从各方面来看,这个土生土长在俄亥俄州东北部的男人,日子过得非常顺利。然而,他不喜欢这两个职业角色带来的压力,所以他决定改变自己的整个生活,搬到了旧金山。

他在一次采访中告诉我,城市的生活比中西部要自由一点,他渐渐喜欢上了这个全新的开始。新朋友,新工作,新的一切。他在一家名为山脚下(Bottom of the Hill)的现场音乐俱乐部当酒保。为了能见到一些最著名的摇滚乐队,他常常熬到凌晨两三点,这只是一个小小的代价。

当能够放假休息的时候,他经常把时间花在探索米申区(Mission)上。这是一个位于旧金山市中心的街区,拥有数十家墨西哥餐厅、墨西哥玉米煎饼店和面包店。如果你想吃一个手臂大小、让你保持一整天饱腹感的美味墨西哥卷饼,那么米申区就是你要去的地方。

某天闲逛探索时,格雷格决定给他的室友买些点心和饼干。就在这时,他注意到一家叫桑切斯之家的小餐厅,窗户上有一个标志引起了他的注意。除了餐厅的标志,上面还有一句引人注目的话:"把我文在身上,就能得到一辈子免费的食物。"

他不确定这是餐厅对墨西哥卷饼的承诺,还是只是窗户上的标志,但格雷格径直走了进去。这个促销活动是真的吗?他想知道。有人会在手臂上文上餐厅的标志只是为了……免费吃墨西哥卷饼?(实际上,在我写这篇文章的时候,这个想法对我来说称不上特别疯狂。)他问店主玛莎,这笔交易是否依然有效。结果确有其事。"你文上文身,"她说,"我们就会终身给你免费食物。"

他曾在广告公司工作过,他认为这笔交易背后的营销手段非常高明。说实话,在他搬到旧金山之前,他就已经有了文身的想法。

"但是,"格雷格向我解释说,"每个人都有在第一次文身时犯错误的可怕经历,我不希望自己也出现这种情况。"在搬到西部之前,他就想找到一些对他有意义、重要的东西,所以,他决定等到完美的文身创意出现。

事实证明,当他看到那家墨西哥餐厅的广告时,他找到了这个完美的文身创意。他告诉我这件事时笑了笑:"它就像一道闪电——是我所有问题的答案。"

一时的冲动不会带来长久的快乐

好吧,但需要文的餐厅标志到底是什么样的呢?格雷格告诉我,那是一个小男孩站在玉米穗上冲向外太空的图案。"这是一个非常有趣的图案,而且我喜欢这个营销创意。"他认为文身是一个重大决定,这也是他花了这么长时间才做决定的部分原因。然而,那天在桑切斯之家,他被说服了。

在跑去最近的文身店之前,他点了一份豪华的墨西哥玉米卷饼[1]——如果你想在余生中得到免费的食物,你最好确保它是美味的!确认了味道非常不错后,他决定,没错,这就是他的文身。他还打电话给一个朋友,问他是否要加入。

就这样,格雷格和他的朋友成了第一批从桑切斯之家接受以文身换食物的人。据他估计,在2012年餐厅关闭之前,他得到了四五十次免费食物。(不用担心,餐厅后来在旧址重开,和格雷格的协议会继续履行。桑切斯之家现在在杂货店里卖自产品牌的玉米片和辣酱。不过,据我所知,格雷格和他的朋友跟其他人一样,都必须花钱买墨西哥玉米片。)

这是一个疯狂的故事,当格雷格把它讲给我听时,我既感到钦佩——我希望我能更随性一些——又感到担忧。(格雷格会后悔这个文身吗?他会一直希望皮肤上刻着一个小男孩,像冲浪一样站在玉米穗上吗?)虽然我曾经住在米申区附近,多年来在那里吃过很多美味的墨西哥卷饼,但我仍然觉得,要是我把餐馆的标志文在胳膊上,我未来会质疑自己。

后悔文身并不是一种罕见的经历。虽然具体数字很难统计，但在数百万有文身的美国人中，有多达四分之一的人后悔文身。[2]更重要的是，全球洗掉文身的市场估计价值约为47亿美元，并以每年15%的速度增长。[3]

我拜访了文身艺术家、洛杉矶黑塔文身工作室（Black Tower tattoo Studio）的负责人塞萨尔·克鲁兹，问他从自己的经历看，为什么人们会想要洗掉文身。他告诉我，人们一般有两种典型的原因，一是那个符号不再有任何意义，二是文身的文字不能再带来快乐。这两个理由都说明了我们期望文身能够带来意义，并能够一直为我们带来快乐（至少在很长一段时间里是这样的），但当它们不再能实现这些价值时，我们就会感到失望。还有一些较为客观的理由，比如，随着年龄的增长，文身会逐渐褪色或变得不好看。

调研数据也证实了他的观察，他还提出了一些其他的可能性：[4]有些人后悔文身，是因为他们在文身时身体受到了损害；有些人是因为选择了一个太显眼的地方文身；有些人选择文身是为了纪念一些事情，但他们之后又不想再想起这些事情了。

我要说明的是，大多数身体艺术不会让人后悔，也不存在最后要用激光切除的可能。我之所以谈到文身，是因为后悔文身是第三个也是最后一个时间旅行错误的完美例子，我称之为"带错了衣服"。这种判断错误具有潜在的严重影响，可能会影响每一件事情，从职业选择到临终时体验的医疗护理。

一个案例：迈阿密毛衣

现在是芝加哥的 2 月，你即将踏上一段期待已久的佛罗里达州之旅。这是一个寒冷的冬天，你穿上了最暖和的衣服，在为去南部海滩度假收拾行李。当然，佛罗里达州比芝加哥更适合裸露皮肤，所以你决定把冬季外套留在家里。你也知道，这件外套一直到你的脚踝，让你看上去臃肿了一大圈。但是你认为，晚上还是会有点冷的，对吧？所以你带上了一两件毛衣。同时，你认为不妨再带上长袖衬衫和轻便夹克以防万一。当然，南部海滩会暖和一些，但还是要做好准备，即使需要多托运一两件行李。

到达迈阿密后，你走下飞机，发现气温高达 28℃，湿度高到感觉可以把空气当水喝下去。而你还没有离开机场呢！你对自己很生气，因为你意识到在剩下的旅途中，毛衣、长袖衬衫和轻便夹克都会一直静静地躺在箱子里。如果根据这样的天气收拾行李，你只需要一个随身行李就可以出发。

我们从中得到的教训是，你在芝加哥感觉很冷，不代表你未来一定会觉得很冷。当预测未来的感受时，过于看重当下的感受是很危险的。毕竟，人类是喜怒无常的，我们目前的状态可能不会持续太久。那么，"带错了衣服"的错误在于，我们过于依赖当下的自我感受，把它们投射到未来的自己身上，而未来的自己可能不会有同样的感觉。

预测偏差是什么

卡内基梅隆大学经济学和心理学教授乔治·勒文施泰因被认为是他这一代中的主流经济学家之一。(他的名字甚至每年都会出现在喜欢猜测谁将获得诺贝尔经济学奖的圈子里。)[5] 但他也是一名狂热的户外冒险家,他的大部分空闲时间都花在登山、跑步和皮划艇上。

他告诉我,他家在匹兹堡,他过去喜欢在家附近的一座山上慢跑——那是一座"非常大的山",他很快补充道。从当地的一条河流出发,他要爬将近150米,到达山顶时,他通常已经"筋疲力尽"了。但在爬过山顶并开始下坡的半分钟内,他发现自己心里会想:"这没什么大不了的!"没过多久,他的痛苦和悲伤就会在记忆里消失殆尽了。这座山好像很神奇,在爬山过程中产生的强烈的痛苦,在下山的过程中立刻被消除了。

大约同一时间,他经常收到来自全球不同地区举办的研讨会邀请。在匹兹堡的家中,他期待着令人兴奋的出国旅行,以及与老同事和新同事见面的机会。因此,他往往会答应邀请。但奇怪的是,他告诉我,如果在旅行期间他收到这样的邀请,他很可能会拒绝。在这些旅行中,他会经历痛苦的时差反应,正如他所说:"只有当我正在经历时差反应的时候,才会对时差带来的痛苦产生真正的体会和看法。"

把这两种经历放在一起,他得出了一个结论:当不在某种情绪状态时,你会很难理解你在这种情绪状态下的感受或行为。但当被某种强烈的情绪所控制时,你很难认为那种剧痛是不存在的——你可能会觉得自己一直处于这种状态,而且将永远处于这种状态。[6] 他简要地说道:"我饿着肚子的时候就会过度购买食物,我感到沮丧的时候就会觉得我会一直这么沮丧。"

这意味着有两种不同的方式会造成"带错了衣服":一种是我们用当下的情绪状态为未来的自己做决定,而未来的自己也许不会产生同样的感觉;另一种是当处在不那么情绪化的状态时,我们无法理解未来的自己可能会经历的强烈情绪。

想想勒文施泰因和他的同事做的一项研究:对吗啡上瘾的人,有机会选择服用额外剂量的丁丙诺啡(一种安全的吗啡替代品,有助于消除对吗啡的渴望),也可以选择几天之后得到一些钱。他们在接受当前剂量之前(当他们处于极度渴求的状态时)做出的选择,即他们对额外剂量的重视程度,是他们在服用一定剂量后(当他们的渴求度减弱时)再做决定的两倍。你有强烈欲望时比你没有强烈欲望时更想从欲望中解脱是合理的,但是如果瘾君子们的选择只能在 5 天后生效,那么他们的决定就应当与当前的渴求程度无关。[7]

勒文施泰因和他的同事马修·拉宾、特德·奥多诺霍注意到,这些观察结果可以应用到一系列的情形中,在这些情形下,当前的决定会对未来产生影响。他们创造了"预测偏差"[8]一词,它指的是一种我们根据当前的情绪和驱动力为未来做决定,而不是根据这些决定生效时我们将经历的情绪和驱动力去做决定的心理倾向。

即使意识到未来的自己将会处于不同的情绪状态中，我们也不会更多地考虑这一点来调整自己的决定。我们可能知道饿着肚子的时候会过度购买食物，也知道我们目前的沮丧状态不太可能一直持续，但感觉上并非如此，我们还是会基于当前所处的且往往是暂时的情绪状态去购物，以及做出重要的人生决定。

想想这个错误与其他两个心理时间旅行错误有什么不同。我们"错过航班"，是因为我们太关注现在，根本没有考虑未来。我们按照"糟糕的旅行计划"行事，是因为我们会在某种程度上考虑未来，但不够深入。我们"带错了衣服"，是因为我们积极地关注未来，但也过于依赖现在，这往往会导致我们后悔自己的选择。事实证明，我们热恋期时把伴侣形象文在身上，但当他们成为前任时，可能事情看起来就没那么美妙了。

预测偏差的常见错误

预测偏差是一种常见的人为错误，导致我们认为它是理所当然的。我们认为它只是生活的一部分，而不是一个我们有能力弥补的错误。有一个我们身边经常发生的例子：想象一下，你的同事正在计划下周的会议，为了增加人们参加会议的可能性，他决定准备点零食，而且是根据每个人喜好准备零食，就是这样！所以，他打电话给你，问你想在下周的会议上吃什么零食，并在零食上写上你的名字。

零食的选择范围从健康的（苹果、香蕉、蓝莓）到不那么健康的（薯片、士力架、瑞斯饼干）。他提供这些选择时，已经是傍晚时分了，饭前的饥饿感正在袭来。你会选择什么？在一项研究中，当办公室职员在傍晚时分做选择时，他们绝大多数都选择了不那么健康的零食。

由于感到饥饿，我们可能会错误地认为，当未来到来时，我们同样会饥饿。所以我们会选择某种零食来满足想象中未来会出现的渴望。然而，当另一组办公室职员在午餐后——他们已经吃饱了——做选择时，他们更有可能选择苹果或香蕉这些健康的零食。[9]

消费者购买汽车时也会有类似的行为，天气对消费者的购车选择会产生不成比例的影响。当天气变暖，天空比平时更晴朗时，敞篷车的销量就会增加。反过来说也是可以的：10 英寸的积雪就会使四驱车的销量在接下来的两到三周内增长 6%。[10]

除了苹果和士力架、敞篷车和 SUV（运动型多功能汽车）之间的权衡，这些行为模式也可以在个人与职业的场景中找到。

例如，2008 年，韩国对离婚实施了强制性的冷静期：从提出离婚之日起，当事人必须等待几周才能真正离婚。这一做法似乎产生了影响，因为新法律实施后，离婚率显著下降。[11] 强烈的负面情绪并且感觉这种情绪会一直存在，可能会激起离婚的欲望——事实上，离婚申请率从未降低过。但是，当我们用一段时间去消化这些想法时，这种欲望可能会减弱。

即使是大学本科生必修课上课时间这样一件微不足道的小事，也会影响未来重要的决定。在一项对西点军校近 2 万名学生长达

17年的研究中，研究人员发现，学生如果被随机分配到清晨（上午7:30）上课，而不是当天晚些时候，他们最后选修这门课程的可能性会降低10%左右。

想一想为什么，如果一大早就昏昏沉沉地去上经济学基础课，你可能会误把你的疲劳归因于对这门学科的感觉，并认为这门学科根本不适合你。[12] 你会认为经济学很无聊。其实你只是需要更多的咖啡因和更早的就寝时间。我在加利福尼亚大学洛杉矶分校的同事、行为决策学教授卡里姆·哈格，是这类项目的研究人员之一。他指出，大学专业的选择并不是无关紧要的，相反，它对不同的人生结果有着重要的影响。他告诉我："即使是在明知风险很高的背景下，比如明知一个决定不仅会影响未来几年大学生活的愉快程度，还会影响你一生的收入轨迹，人们的决定也会被他们当时暂时的感受所影响。"[13]

让我们暂且唱个反调：预测偏差真的是个错误吗？在很多情况下，我们很难预测自己未来的偏好，因此，我们依靠现在的感觉做出预测，这真的很可怕吗？

事实证明，问题在于我们参与过程中投入的感情有多深。如果过度依赖当下环境，导致未来的自己感到遗憾或不公平，问题就会堆积起来。回到迈阿密那些装满御寒衣服的行李箱，问题并不是装了很多衣服，而是我们必须付钱托运行李，也许还因此少装了泳衣和T恤。

经济学家马克·考夫曼提出了一个假设，他认为在职场中，我们将当下的境况过度推导到未来的倾向，可能会导致我们在时间管理方面出现错误。[14] 想想你开始做一个兴奋的项目工作时的感受：也许你的旧项目一直在拖延，也许你没有很强的动力，但从事新事物的机会激发了你的乐观情绪，你觉得自己有很多精力可以投入这个项目中。

因此，你在早期阶段投入了相当多的时间。为了说明这一点，考夫曼举了一个关于第二天有期中考试的学生的例子。这名学生早上醒来时精神焕发，知道他必须复习完八章内容。一开始，学习进展得很顺利，每一章都要花大约两个小时来复习。"完美！"他可能会想，"我可以在考试之前轻松地完成这一切！"然而，当他错误地认为自己可以保持早上那种乐观和兴奋的感觉直到项目完成时，预测偏差就开始出现了。当夜幕降临，厌倦和饥饿感开始浮现，这名学生要花更长的时间复习完一章，直到他最终放弃。

所以，我们可能会在早期阶段花费太多的精力，却在最后期限临近时耗尽精力和时间。

以当下的境况过度预测未来，可能会导致更严重的问题。以西北大学凯洛格管理学院管理学教授洛兰·诺格伦领导的一项研究为例，一些学生被要求记住一串数字，并保持 20 分钟（这是一项很繁重的任务），而另一些学生则被要求记住 2 分钟即可。紧接着，所有的学生都被问及他们感觉有多疲惫，自己能在多大程度上应对未来的疲惫，以及他们会把多少学习任务留到学期的最后一周。任务相对轻松的那组学生（只需要记 2 分钟数字的那组）对自己应对未来疲惫的能力更有信心，因此，他们选择把更多的学习推迟到未来。

想想这里发生的事情吧：那些没有承担过繁重任务的学生很难想象未来真正疲惫的感觉。他们可能过于依赖当前精力充沛的状态，无法强烈地感受到未来的疲惫感，导致他们眼大肚子小，想吃下自己根本吃不下的东西。

不只学生证明了这种模式，那些在戒烟前 4 个月里觉得自己可以更好地控制烟瘾的戒烟者，更容易让自己处于不利于戒烟的环境里，比如和吸烟的朋友在一起。[15] 这反过来导致了更多的复吸。

当我们比较冷静时，我们往往会为未来做出不同的规划。我们是否应该在过度饮酒后去见前任，即使自己的婚姻很幸福？我们是否应该在收到还有剩余蛋糕的电子邮件后去办公室的休息区，即使自己正在节食？我们是否应该在家里留一包烟，即使自己已经戒烟了？当依靠冷静时的感觉来预测自己抵抗诱惑的能力时，我们无法完全理解欢乐时光、一块蛋糕或一支香烟会有多么诱人。因此，具有讽刺意味的是，我们可能会过度暴露在这些诱惑之下，以我们意想不到的方式屈服于它们。

在一次采访中，研究戒烟者的研究员洛兰·诺格伦这样对我说："我们的感觉和情绪对行为的塑造产生着极大的影响，但人们很难理解这些情绪会带来多么巨大的转变。我们低估了这种威胁，因此常常把自己置于危险之中。"

所以，有时候我们"带错了衣服"，用现在的自己的感觉来做决定，而未来的自己可能会后悔。我们现在很冷，却忘记了在迈阿密大汗淋漓是什么感觉。

但这个错误还有另一种版本，它不是基于我们当下的情绪，而是基于我们当前的个性和对好恶的总体认知。

过去的变化大，未来的变化小

回想一下，你上一次真正喜欢的乐队组合。也许是 10 年前，也许更早。在 20 岁出头的时候，我最喜欢的乐队是波士顿的一个叫 Guster 的乐队。承认这一点有些尴尬：他们有着悦耳的流行曲调和略显邋遢的专辑封面，Guster 是典型的 20 世纪 90 年代后期的乐队。我无法想象自己在客厅里不能重复播放他们的音乐（我的室友甚至威胁说，如果再听一次这些音乐，他就搬出去）。我还会花掉银行账户里所有的钱去听他们的演唱会。

今天，我的口味发生了一些变化。Spotify[①] 告诉我，我似乎经常播放一个叫 The National 乐队的歌。这支洛杉矶乐队的声音有些阴郁，更加深沉，在新冠疫情之前，我会尽可能地去看他们的演出。我等不及他们再次开始巡演，我很难想象自己在未来的几年里会不想看他们。

2020 年，我注意到我曾经最喜欢的 Guster 乐队，正在离我住的地方半小时左右路程的好莱坞永恒公墓（Hollywood Forever Cemetery）演出。我已经很久没听他们唱歌了，我想这可能是一个有趣的重温过去的方式。但是 40 美元一张的票价似乎太高了。

---

① Spotify 是一个在线音乐流媒体平台，还提供播客、有声书和影视服务。——编者注

我能说服自己花 80 美元，让我和妻子去看一个今天觉得有点……俗气的乐队吗？

我想说明什么？当我还是 Guster 乐队的铁杆粉丝时，我愿意把大部分收入花在他们的演唱会上，并且认为我会一直这样下去。现在我对 The National 乐队也有同样的感觉，而 Guster 乐队已经被我扔进了历史的垃圾箱，并且很难想象有一天我会再迷上他们。虽然我知道我的口味在过去发生了变化，但我也很难看出它们在未来会发生什么新的变化。

随着生活水平的提高，你的品位可能也会改变，当然也许不是音乐品位。但是你小时候那个昂贵的滑板呢？你还痴迷于《超凡战队》、大眼豆豆系列毛绒玩具或闪亮的黑色马丁靴吗？

研究者乔迪·奎德巴赫和他的同事对数千人进行了研究，这个研究是关于我们如何把兴趣和偏好投射到未来的。在比利时一个受欢迎的电视节目网站上，他们向访问者提出问题："10 年前，你会如何评价自己的个性，比如从对新鲜体验的开放程度、责任感、外向性、宜人性和神经质性的角度？"读者也可以思考一下。

现在试着预测一下 10 年后你在这些方面的得分。

如果你觉得从过去到现在的变化，比你预期的从现在到未来的变化大，那么你不是唯一这么认为的人。无论年轻人、中年人还是老年人，近两万人都说明存在一个明确的模式：他们认为自己在个性和价值观方面与过去发生了很大的变化，但他们不认为在未来也会发生同样大的变化。[16]

一项后续研究发现，相比现在观看以前喜爱的乐队演出，研究参与者愿意为 10 年后观看现在喜爱的乐队演出多支付 60% 的费用。人们似乎愿意为未来的机会付出更高的代价，以沉迷于现在的偏好。

这些影响不仅局限在假设的问题上：奎德巴赫和他的同事还发现，在 30 年的时间里，成千上万的美国人一直低估了自己的生活满意度最终会发生多大的变化。[17]

历史终结错觉：看不到自己将在未来继续改变

这种倾向被称为"历史终结错觉"。这主要是说，虽然我们认识到我们已经从曾经的自己演化到现在的自己，却看不到我们将在未来继续改变。

这项研究的论文的作者之一、心理学家丹·吉尔伯特——他也主导了第五章中描述的快速约会研究——告诉我，他年轻的时候觉得虽然他的 20 多岁与 30 多岁不同，30 多岁与 40 多岁也略有不同，但从 40 岁左右开始，他的生活将"只有细微的变化"。

他的直觉是，他会在 40 岁左右以某种方式实现目标，成为完整的自己。然而，回顾过去，他发现事实并非如此。"在很多方面，"他告诉我，"64 岁和 54 岁的差别比 54 岁和 44 岁的差别更大。"即使过去经历了巨大的变化，我们也很难看出自己的未来将继续经历巨大的变化。

奎德巴赫、吉尔伯特和他们的同事蒂姆·威尔逊十分有力地指出："青少年及其祖父母们似乎都认为，个人变化的速度慢得宛如爬行，而他们是在最近才成长为现在的样子的，他们的未来也会是这样的。历史似乎总是在今天结束。"[18]

我们不知道这种错觉发生的确切原因，但可以推测，它可能部分是出于自我保护，我怀疑还有一部分是出于对未知的恐惧。当想到自己从过去到现在的改变时，人们会下意识地想到自己的进步。[19] 因此，在大多数情况下，我们以积极的眼光看待现在的自己：大多数人喜欢自己，相信自己的性格可以吸引别人，并且自己的价值观值得被赞赏。[20] 我们担心如果改变，就会失去这种良好的自我认知，所以我们试着保持现在的自己。

同样，我们喜欢认为我们很了解自己，[21] 而预测我们的性格、价值观和偏好可能改变会引起一定程度的焦虑。如果不知道未来的自己会有怎样的不同，我们又如何知道今天的自己是怎样的呢？[22]

其中蕴含了一些重要的意义。

例如，在职业生涯中制订未来的职业规划时，我们可能会过多地考虑当下的情况，而忽略了我们的价值观和兴趣在过去是如何变化的，以及未来可能会如何继续变化。一项针对公职人员的调查试图证明这个结论。针对一组公职人员，项目团队评估了他们的价值观从过去到现在的变化，并发现能够独立工作和帮助他人的价值观在过去 10 年中变得越来越重要。然而，另一组公职人员被要求预测未来几年内，什么价值观对他们来说是重要的。事实证明，第二组（"预测者"）预期他们工作动机的变化远远小于第一组("评估组")所经历的变化。[23]

问题是,当面对新的职业方向或工作前景时,如果在判断什么是重要的这件事上犯了错,我们可能会选择(或者不选择)一条最终后悔的路。

在与我的交流中,奎德巴赫提出了另一个重要的问题:"'历史终结错觉'会不会导致我们放弃原本很好的机会?"以去异国他乡旅行为例。想象一下,在生命中的这个时刻,你只能负担得起一次穷游,于是你考虑乘坐公共交通和住青年旅社。好的一方面是,你可以去世界的另一个地方,虽然不一定是以舒适的方式;坏的一方面是,你也很看重生活的美好,喜欢豪华酒店的床。基于这种推演,你可能会错误地认为这正是未来自我所看重的。"哦,等我长大了、有钱了,我再出去玩。"奎德巴赫建议道。但如果这是个错觉呢?如果当你变老的时候,你宁愿花时间和家人在一起,也不愿去澳大利亚丛林旅行呢?你会后悔年轻时放弃冒险的决定吗?有时候,把握今天意味着拥抱现在的自己的兴趣,因为未来的自己可能对 Guster 音乐会不感兴趣。

还有一个可怕的后果,它关系到遥远的未来:临终规划。这是旧金山顶尖姑息治疗医生 B. J. 米勒一生的大部分时间都在思考的问题。

控制一些结果,而不是所有结果

《一个人对改变死亡方式的探索》,是 2017 年《纽约时报》对

B.J. 米勒的一篇报道。[24] 虽然这个标题听起来是一个过于崇高的描述，但事实上并无夸张。

米勒博士第一次与死亡接触是在 1990 年 11 月的一个晚上。作为普林斯顿大学的大二学生，米勒和一些朋友在凌晨 4 点左右去当地的一家便利店玩耍。为了到达那里，他们必须穿过火车轨道，乘坐普林斯顿通勤线。这条线会将乘客从校园带到美国铁路公司车站。不知道为什么，米勒和他的朋友们觉得，爬上那辆停在铁轨上的小火车（当地人叫它"小矮子"）会很有趣。

米勒走在前面，爬上火车后面的梯子。但是当他站起来的时候，他的手臂离电线太近了，11000 伏特的电压在他手腕佩戴的金属手表上形成了电弧，并从他的身体直接穿过。虽然最终活了下来，但他的一只胳膊从胳膊肘开始需要截肢，两条腿从膝盖处往下也需要截肢。

这件事让他走上了一条试图更好理解并且最终改变患者医疗保健体验的道路。在讲述这个故事时，米勒有时会笑着回想他生活的轨迹是如何被一个叫"小矮子"的东西改变的。虽然他在圣巴纳巴斯医疗中心的烧伤病房接受了极好的治疗，但他意识到，医学界的很大一部分是为了治疗疾病，而不一定是治疗人。从他的角度来看，这一点在临终关怀中最为明显，其默认的做法是不惜一切代价让患者活下去。

现在米勒是旧金山加利福尼亚大学的医学教授和临终关怀医生，也是旧金山禅宗临终关怀项目的负责人。禅宗临终关怀项目是一个利用佛教教义来照顾临终者的组织。2020 年，他创办了

"勇气健康"，这是一个致力于帮助患者在医疗保健系统中找到正确方向的组织，特别是在生命的最后阶段。他们提供的是关于"生与死"的咨询。

在这项工作中，他的目标是让死亡不再像传统护理那样被搁置到最后一刻，而是使死亡成为一个人生命周期中值得纪念的事件。现代医疗模式充斥着明亮的灯光、闪烁的机器和无菌的房间，将死亡视为一种需要被"克服"的结果：当患者死亡时，他们就被迅速带出房间，几乎不会留下任何他们存在过的痕迹。

相比之下，米勒的目标是在姑息治疗中注入更多的人性。他的目标是让死亡——正如他对我说的——"成为生活的一部分"。在过去的演讲中，他提到了一个因肌萎缩侧索硬化症导致肺部衰竭的患者的例子。她想要一根烟，不是为了加速死亡，而是为了"在她还活着的时候感受一下她的肺被其充满"。[25] 另一位患者希望她的狗和她一起在房间里，用鼻子蹭她的皮肤，而不是接受更多的化疗。

这两个愿望在传统医院都不会实现。正如《纽约时报》的人物介绍所描述的那样，通过推广这种更有同理心的方法，米勒成了"一种新型姑息治疗模式的先驱"。

我们如何实现这个模式？首先，我们需要对死亡进行更多、更深入的讨论。

当然，死亡是令人沮丧的，这不是一个自然就会出现的话题，也不是人们想要讨论的话题。[26] 最重要的是，这是一个根源于历史终结幻觉的问题。也就是说，想到未来的时候，我们自然会想到衰老和生命的终结，至少在许多文化中，它通常不会被积极地看待。我怀疑，为了竭力控制衰老的过程，我们宁愿相信我们会保持现在的样子，这导致我们忽视了不可避免的事情。想象未来的自己已经够难的了，想象一个不存在未来自己的世界就更难了。

因此，许多人没有做好自己的临终规划就显得不奇怪了。最近的估算表明，只有大约三分之一的美国人完成了临终规划的前期医疗指示。[27] 而在那些已经有了计划的人当中，这些计划也可能没有及时更新，以反映那些已经改变的愿望。举个恰当的例子，当一项研究中的健康受访者被问及，他们是否想要一个可以延长 3 个月生命的艰苦的化疗过程时，只有 10% 的人表示愿意。但是当癌症患者被问到同样的问题时，有 42% 的人表示愿意。[28] 似乎随着死亡的临近，生命的价值也在增加。

正如我们所讨论的，面对这种选择难题，以及预测偏见和历史终结错觉的核心难题时，虽然我们的品位和偏好总是在不断变化，但我们经常以当下自我为基础做出决定。直到后来，我们才意识到，是过去的自己——不再和现在的自己有相同观点的自己——做出了影响当下自我的重要决定。

我问米勒博士，当为生命的终结做选择时，我们什么时候才能做出正确的选择？他用了一些时间思考了这个问题，然后才解释为什么我们总是选错。他告诉我，当你有一种"哦，该死，我以为事情会是这样的，结果根本不是这样的"的感觉时，你就会崩溃。当这种意外的因素堆积在围绕死亡的所有情感负担之上时，影响可能是毁灭性的。

不过，他关于什么时候我们能做出正确选择的回答，是防止我们"带错了衣服"的一剂良药。他告诉我，那些在死亡问题上处理得最好的人，并不是那些没有痛苦的人，而是那些对时间有成熟看法的人，他们认识到虽然可以为某个未来做计划，但随着时间的推移，他们对这些计划的看法也会有所不同。

这种成熟性部分来自一种对流动性的认识：那些明白自己是"尚未完成的作品"的患者，通常能够更积极地面对临终愿望。他们最能适应不断变化的偏好、价值观，甚至性格。我怀疑，我们许多人不愿面对这种转变的部分原因在于变化与损失纠缠在了一起。我们必须承认，过去的自己已经不见了，消失了。然而，最聪明的患者会与这些小小的损失斗争，并在此过程中接受自己的死亡。正如米勒所说："意识到你失去了什么之后，你大多会意识到你还拥有什么。"

在他的实践中，米勒是"人计划，上帝笑"这句话的忠实粉丝。他告诉我，这种说法有一定道理，尤其是我们永远无法知道结局将如何上演时。"可是，"他大声说，"你还是要计划！"这些计划——无论是关于明天的、生命尽头的，还是介于两者之间的——都需要深思熟虑，而不是拍拍脑袋就可以的。（从实际的角度来看，临终规划可以采取指定"医疗代理"的形式，也可以是某个在临终前为你制订计划的人。）[29] 他强调了保持开放心态的重要性，这样做有助于你认识到自己可以控制一些结果，但不是所有的结果。

对米勒来说，无论未来会发生什么，用这种心态面对生活都会让你处于一个好的境地。

回到开始

当我们按照现在的自己的感受给未来做计划时，有很多例子表明我们其实犯了错误，带错了衣服。我们没有意识到我们此刻的感受不是永久的，我们不会一直如此饥饿、寒冷或焦虑。有时，我们不承认未来的自己与现在的自己有什么不同，但我在 Spotify 上播放次数最多的列表并不一定总是 The National 乐队的重磅歌曲。

回到格雷格·蒂茨身上，那个用桑切斯之家的文身换取免费墨西哥卷饼的人：他的决定是否属于其中一类？换句话说，他最终后悔文身了吗？

当我问这个问题时，他的回答很明确："不可能。我一刻也不后悔。"

他告诉我，这个文身"捕捉到了一个特定的时刻"，一个对他来说比较无忧无虑的时刻。虽然他认为自己现在的生活很好，但他是企业的职员，即便在休息日也不能熬夜到两三点，然后喝酒，听很棒的乐队音乐，吃巨大的墨西哥卷饼。不过，令他欣慰的是，无论何时，只要他愿意，只要看着自己的手臂，他都能回想起生命中那个特定的时刻。

格雷格，就像米勒医生最聪明的患者一样，看到他年轻时的自己只是他众多自我中的一个。就像他从过去的自己变成了现在的自己一样，随着时间的推移，他肯定会继续改变。格雷格还没有文过其他文身，但他已经考虑过了，或许他只是在等待另一份可以让他吃上一辈子的免费食物。

本章重点

○ 我们在时间旅行中犯的最后一个错误是：我们没有认识到未来与现在可能存在的不同之处。

○ 预测偏见是这种错误的一个例子：我们把现在的情绪过度投射到未来的自己身上。

○ 历史终结错觉是这种错误的另一个例子：我们认为自己当下的性格和偏好在未来几年不会有太大变化。

○ 由于预测偏差和历史终结错觉，我们可能会做出一些日后后悔的决定，从我们吃什么到我们的职业。

第三部分

设计当下

让明天比今天更好

第七章

拉近未来：
促进当下与未来对话

故事发生在一栋不起眼的办公楼里。墙上的时钟嘀嗒作响，时间已经接近下午5点。背景中还有一棵圣诞树，很明显假期即将来临。

三个20多岁的年轻人来来回回扔着球，聊着闲话消磨时间。

突然，大楼摇晃起来。一道闪光划破天空，三位年长的男人出现在房间里，他们站在饮水机和复印机前。

很戏剧性的是，三个年长男人中的长者说道："我们就是你们，但我们来自未来。"

他和他的朋友这次时空穿越回来，是为了向现在的年轻人提出气候严重变化的警告。

但在他继续往下讲之前，年轻版的他打断了他。"首先……你好。很高兴见到你。"年轻版的他和他的朋友，笑着提出了一连串的问题，"我们的生活怎么样？我们富有吗？"

长者们沮丧地回答说，实际上他们负债累累。

"好吧，好吧，"其中一个年轻人回答说，"不过家庭生活方面应该还好吧？我们都结婚了，对吧？"

同样，答案并不乐观。"不，"带头的长者回答说，"我经历了一场非常糟糕的婚姻，离婚了。但重点是如果你现在就采取行动，我们就能避免人类灭绝！"

其中一个年轻人看起来很沮丧，打断了他的话。"我……我不在乎。"然后说出了一句《周六夜现场》[①]的金句，"如果努力了半天最终成为你这样子，我干脆躺平算了。"

在多次尝试回到气候变化问题无果后，现在的自己和未来的自己之间的对话演变成为一场争论，争论的焦点是谁应该对老年自己的不幸负责。

这一幕出自即兴三人喜剧团"请不要毁灭"（Please Don't Destroy）之手，它让人想起了我在本书序言中提到的姜峰楠的科幻故事。两者都提出了一个同样有趣的问题：如果你能坐下来和未来的自己对话，你会说什么，结果又会怎样？

希望这次会面不会像《周六夜现场》上演得那样消极，也希望你能发现一些比这幅《纽约客》漫画（图4）中未来自我发出的警告更为重要的东西。如果运气好，这次会面将更加积极和更有教育意义，然而，它真的会改变你今天的生活方式吗？这是我几年前开始，用相机、闪光灯和未来感十足的护目镜去探索的问题。

[①] 《周六夜现场》是美国一档于周六深夜时段直播的喜剧小品类综艺节目，是美国电视史上最长寿的节目之一。——编者注

"我是未来的你,我回来是想警告你不要点他们家的扇贝,太油了。"

图 4 《纽约客》漫画

进入虚拟未来

在简·方达长达数十年的职业生涯中,她扮演过很多角色。从电影明星到政治活动家,从健身达人到社会正义的捍卫者,她一直站在文化潮流的最前沿。几年前,我和她一起尝试了一个完全不同的角色。

她站在我面前,戴上了一个看起来有点笨重的 VR(虚拟现实)眼镜,耐心地等待我把几个摄像头传感器绑在她的肩膀上。我们所在的房间里有一块 2×4 英寸[①]的木板,放在土褐色的地毯

---

① 一种用于建筑的标准木材尺寸,约高 5 厘米,宽 10 厘米。——编者注

上。但是，VR 眼镜让她眼中看到的景象并非这样。

她看到的是一片草地的中间有一个巨大的坑。这个坑太深了，看起来就好像被彗星撞击出来的一样。坑上还有一根结实的木板从坑的一边延伸到另一边。

她肩膀上的传感器和房间周围的摄像头可以追踪她的一举一动。方达走的每一步都会被传送到一台中央计算机上，这台计算机利用这些信息重新绘制出她在屏幕上看到的世界。她在现实中每走一步，在她的虚拟世界里，都离那个坑更近一步。虽然她知道自己是在一个普通的房间里，但她通过 VR 眼镜看到的东西实际上要可怕得多。她的任务很简单，就是穿过那根横跨大坑的木板。她知道，实际上，木板只比柔软的地毯高出约 5 厘米。

我看过其他研究对象试图摸索着走过"木板"，所以我习惯了看到人们因为害怕而拒绝走过它的样子。然而，方达的表现却并非如此。我站在她身后，看着她从那块木板上摔下来，也看着她踮着脚尖走过去，最后安全到达另一边。她刚刚做的一切是为了展示现实的真实性和虚拟现实的"沉浸感"。

方达致力于提倡一种更积极的方式来应对衰老。在写一本关于晚年健康的书时，她开始对我和许多研究人员的工作产生了兴趣。在过去的几个月里，我一直把研究参与者放在不同的虚拟现实房间里。在实验中，人们将通过虚拟场景与更老、头发更灰白、皱纹更多的自己面对面。

这个想法源于一次会议上我讲述的关于未来自我的研究。我一直在谈论我们与未来自我之间的关系，以及它们的重要性：我们与未来自我的关系越弱,就越会做出令人遗憾的长期决定。我曾经想,要是有某种方法能让人们与全息的未来自我互动就好了。我的一些同事和我说,虽然实现全息投影可能有点困难,但也存在其他可能性。他们告诉我,沿着心理学教学楼的走廊往下走就是传播学系,在那里我可以找到世界上最先进的沉浸式虚拟现实房间。

我的想法是这样的:如果你能在虚拟环境中看到未来的自己,并与他交谈,你会对未来的自己产生更强烈的情感联系吗?这种强烈的联系会让你更有可能在今天做一些事情,比如存钱、吃得更健康等,从而改善你未来的生活吗?

这个想法可能听起来有些不现实,但有一个很好的理由让我们认为它可能行得通。

个体比集体更能引起同情

2015年8月,叙利亚难民阿卜杜拉·库尔迪设法与家人乘坐一艘小船离开土耳其,前往希腊的科斯岛。他们最终的目标是航行到加拿大,因为库尔迪一家在那里有亲戚。

不幸的是,这次旅行几乎一开始就结束了:船在离开土耳其海岸5分钟后倾覆,库尔迪的妻子和两个儿子都被淹死了。土耳其记者尼吕费尔·德米尔正好在附近,拍下了三岁的小男孩阿兰脸朝下趴在沙滩上的照片。一天后,这张令人心碎的照片登上了国际报纸的头版,并在社交媒体上被2000多万人浏览。

它不仅吸引了全世界的注意力，事件发生后不久，遥远的美国的难民政策也发生了变化。在这张照片发布后的一周内，向瑞典红十字会基金的捐款增加了100倍，而这个基金会旨在帮助叙利亚难民。[1] 正如风险评估研究专家、心理学家保罗·斯洛维奇和他的同事指出的那样，阿兰·库尔迪去世时，叙利亚危机已经持续了4年多。[2] 保守来说，记者拍下这张照片时，死亡人数已经达到25万人。然而，在这件事情之前，世界各国的反应是相对平静的。

像库尔迪这样有名有姓的受害者往往会在数周甚至数月的时间里成为新闻头条。

正如耶鲁大学市场营销学教授、"可识别受害者效应"首席研究员德博拉·斯莫尔向我指出的那样，并不是只有个体才会引起这种关注。当来自津巴布韦的成年雄狮塞西尔被猎杀后，有关它被杀的报道迅速激起了国际社会的愤怒。相比之下，其他关于此类真实事件的统计数据却几乎无法牵动人们的心或钱包。事实上，斯莫尔在她的一篇论文中指出，有超过10亿儿童生活在贫困中，但关于大规模贫困的故事很少引起媒体报道或来自私人的捐款。[3]

显而易见的讽刺之处是，我们更容易被单个受害者刺激，而不是共情某个群体的痛苦。我们可以为一个人的不幸遭遇鸣不平（并打开钱包），但面对更大规模的充满类似悲剧的统计数据时，我们却选择把头埋在沙子里。这种倾向不仅在库尔迪或狮子塞西尔的案例中得到了充分的证明，而且在有着严格控制的科学实验中也得到了充分的证明。

例如，在斯莫尔进行的一项研究中，商场的顾客被询问是否愿意向当地的仁人家园①捐款。一些受访者被告知将会得到房子的家庭是"已经被选中的"，而另一些人则被告知这个家庭是"将有可能被选中的"。想想这里发生了什么：把需要捐助的家庭描述成已经被选中的，这让捐款人更容易感知到需要被捐助的人。换句话说，想象一个已知获得捐赠的家庭，比想象一个事实上还没有被选中的家庭更容易。事实上，这样的思考框架导致前者得到了更高的捐款。[4]

同样，斯莫尔及其同事发现，当小额信贷网站 Kiva.org 的用户在选择向个人企业家提供贷款还是向企业家团体提供贷款时，人们更倾向于向个人企业家提供贷款。[5]

无论是仁人家园还是小额信贷，当潜在的慈善受捐者已被选中时，捐赠者更有可能掏腰包。当然，你也会看到慈善组织经常采用这种策略。

为什么单个人比多个人更能引起同情？想想当你在电视上观看职业体育比赛时会发生什么，当镜头移到体育场观众席时——无论是橄榄球还是棒球，篮球还是足球——人脸都是模糊的。任何一个人都会被人群掩盖。然而，当摄制组决定聚焦一位粉丝时，我们更容易看到他的表情和穿着，甚至想象他过着怎样的生活，

---

① 仁人家园（Habitat for Humanity）由已故的米勒德·富勒和他的妻子琳达于 1976 年在美国创立。它是一家致力于消除贫困住房问题的全球性非营利组织，邀请不同背景、种族和信仰的人士，与有需要的家庭结为伙伴建造"合作住房"，以这种方式让他们获得舒适且负担得起的住所。——编者注

这让我们更容易觉得也许他是我们认识的人。

同样，当潜在的慈善受捐者被挑出来时，我们更容易认同他们，感觉自己像他们一样，会站在他们的角度，通过他们的眼睛看世界。最近的研究甚至表明，当人们看到一个可识别的慈善接受者时，大脑中与积极情绪相关的区域会变得活跃起来。这种活动反过来又推动了捐赠行为的发生。[6]

面对单一的目标，然后对他产生亲密感。当我们想要帮助别人的时候，亲密感很重要。[7]

这是我希望在虚拟现实房间里实现的一种心理状态。我的目的是：通过向人们展示他们未来的自己，让那些遥远的自己更容易被识别，来缩短现在的我们和未来的我们之间的距离。当然，未来的自己和未知的慈善受捐者是不一样的。相比陌生人，我们倾向于与我们认为自己未来会成为的人分享更多。然而，我们还是可以找到共同点：我们未来的幸福最终取决于我们今天做出的决定。

看见"年老"的自己

改变一个人的形象，让他们看起来更老，曾经是美国联邦调查局的间谍艺术家和好莱坞特效团队的专长。想知道自己老了会是什么样子，最好的办法可能是和一位年长的亲戚待在一起。然而，当我开始寻找方法向人们介绍他们未来的自己时，科技给了我们更多选择的可能性。

这些新技术虽然不完美，但效果似乎还不错。"年龄增长"的基本程序是，我们首先必须在一个人做出中性表情——没有微笑、皱眉之类的表情——时给他拍照。在自己身上练习了几百次之后，我得出了一个不幸的结论：我的"中性"脸看起来非常可怕。你可以在图 5 中看到我想表达的意思。我跑题了。

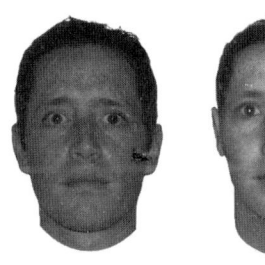

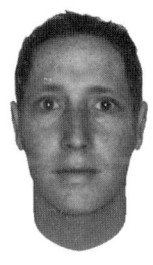

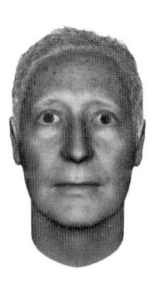

图 5　我的"变老"过程虚拟头像

在给研究参与者拍了一张中性的照片后，我和我的同事会根据这张照片通过计算机程序创建一个虚拟形象。简单来说，这就是虚拟版的脸。它仍然是你的形象，但更加"数字化"。图 5 中间的这张就是被数字化处理之后的现在的我。

接下来是有趣的部分。在创建了数字头像之后，我和我的同事会用"年龄递进算法"对这些图像进行分析。从本质上说，该算法试图根据时间变化对图片进行处理。它会使皮肤略微下垂，增加眼睛下的脂肪沉积，使耳朵变大，生成一些老年斑，使头发变薄变白，使脸型变窄，使鼻子变长，也就是图 5 中右边的我。而且，我的妻子多次提醒我，年长的我可能看起来会随和一些。

我不得不同意她的观点——到七八十岁的时候，我的头发可能会更少，皱纹也会更多。

公平地说，我们使用的年龄递进技术还处于相对初级的阶段。当然，现在已经有几款应用程序可以快速、廉价、逼真地让你的脸看起来更老。尽管如此，图5右边这张照片看起来确实像我变老后的样子。事实上，有一次，当我在摆弄我变老之后的照片时，我的女儿走过来问我，为什么我的屏幕上有一张她爷爷的照片，而且看起来很滑稽。

然而，我们没有止步于向人们展示这些图片，而是决定再往前走一步。在那个简·方达小心翼翼地踮着脚尖走过"木板"的虚拟现实房间里，我和我的同事创造了一个不同的数字虚拟世界。这个房间看起来就像你在任何办公大楼里都能看到的房间一样，有朴素的白色墙壁和中性色彩的地毯。不过有一面墙上挂着一面镜子，或者更确切地说，它是一面虚拟的镜子。如果你走到镜子的前面，会看到凝视着你的，要么是今天的你，要么是未来的你。

通过虚拟现实的设置，这种体验逼真地模仿了你在家里看到的任何一面镜子。如果你把身体向右移动，虚拟镜子中的图像也会向右移动；如果你转过头，镜子里的影像也会转过头。为了确保研究参与者完全投入，我们会让他们花几分钟的时间和自己说话，也就是和镜子里的自己说话。

之后我们取下他们的VR眼镜，再把他们带到隔壁房间，让他们填写一系列问卷。其中一个问题是关于财务决策的：如果你现在收到1000美元，你会如何分配这笔钱？你会为了奖励现在的自己而进行短期投资，还是会选择长期储蓄，以确保未来的自己得到照顾？

遇见未来的你

当人们站在年老的自己面前并与之交谈时会发生什么呢？与慈善受捐者被挑选出来就会感觉更加真实一样，看到未来的自己会让人们更加善待未来的自己。也就是说，当他们能与老年的自己沟通时，会比只看到自己现在的照片时愿意分配更多的钱到长期储蓄账户。

诚然，这只是一个小研究，我们的参与者都是离退休还有几十年的大学生。所以，我们也做了一个类似的实验，只不过没有VR设备，而是设置了一个线上问答，让已经上班的成年人回答他们愿意从薪水中拿出多少钱存入401（k）账户，通过一个小滑动条，选择比例从0到10%不等。有意思的地方是什么呢？在上传自己的照片后，其中一些参与者会在滑动条上看到未来的自己的照片，而另一些人只会看到现在的自己的照片。[8]

白发、皱纹和老年斑的形象再次成为赢家：那些看到未来的自己的人将收入的很大一部分（约占工资的6%）存起来养老，比那些只看到现在的自己的人（存起来的部分约占工资的2%）要高得多。

在这里我还是要谨慎一点：我们问的是假想的钱。当涉及真金白银时，我们可能不会看到这种明显的差异。毕竟，有关退休储蓄的决定事关重大，最重要的是，401（k）计划可能会让人困惑。[一位推特[①]用户很有趣地表达了这种困惑："我报名参加了公司的 401（k）计划，但我感觉很紧张，因为我以前从未想过那么远。"][9]

因此，几年来我和我的同事丹·戈尔茨坦一直在寻找机会在"现实世界"中进行一项有良好控制的研究。我们的机会来了，因为我们与一家名为 Ideas42 的行为科学智库、墨西哥财政部和一家大型墨西哥银行建立了合作关系。实验设置相对简单：我们给大约 5 万名银行客户发邮件或者短信，询问他们是否愿意投钱到他们的个人养老金计划的账户，类似 401（k）计划。虽然所有的客户被鼓励为未来存更多的钱，但只有一半的人被允许"见到"未来的自己。

事实证明，那些看到更老的自己的人，不仅增加了向账户缴款的金额，还增加了他们的储蓄金额。[10]

行为科学家塔玛拉·西姆斯和她的同事在持续一学期的大学过渡课程中，向社区大学的学生介绍了他们未来的自己。每隔几周参与调研时，学生们就会见到与他们自己或者数字化的未来的自己。那些见到了未来的自己的人，表现出更强的学习理财规划的动机，以及在理财能力上更大的信心，这最终转化为不断增长的理财学识（或研究人员所说的"理财素养"）。[11] 值得注意的

---

① 推特（Twitter），现改名为 X。因推特的叫法更加广为人知，故在本书中延用旧称。——编者注

是，这些学生来自不同的社会背景，而且大多数是家里第一个上大学的人，他们的金融知识得分低于同龄美国人的中位数。然而，每隔几周遇见一下未来的自己，并与他们互动，会产生明显的积极变化。同样，在肯尼亚农村的数千名妇女中开展的看到未来的自己的计划，让她们更加注意预防疾病和储蓄。[12]

这些类型的干预措施对小孩子也有影响：如果让学龄前儿童画出未来的自己（一天之后的自己）的画像，并描述这些未来的自己的经历，他们接下来就会显示出更好的计划能力。例如，他们在识别过夜旅行需要打包的物品方面会做得更好。[13] 当然，比起为更富裕的退休生活做计划，为规划一次成功的过夜旅行花的时间要少得多。但是，任何与蹒跚学步的孩子打过交道的人都会告诉你，能够帮助三四岁的孩子为将来做计划的工具确实很有价值！

鉴于这些结果，大型公司已经开始实施这类干预措施的可执行版本。例如，美林证券创建了一个面向退休生活的网站，用户可以在上面上传照片，看到 60 年后的自己，以及那时的天然气价格预测（到那时我们还在驾驶燃油车的可能性很小）。它们的想法是，这样做会促使用户为他们的退休账户投入更多资金。

保诚集团在员工福利展销会上推出了"未来的你"老龄摊位，希望大家更多地参与福利计划。该集团甚至在主要高速公路旁竖起了广告牌，上面写着"让未来的你骄傲"。

还有些公司采取了不那么直接的方式。英国全国银行与喜剧演员苏尼尔·帕特尔合作，其做法不是向人们展示衰老的照片，而是让人们想象未来自己的具体形象。"我有了储蓄的想法——你现在应该为未来的自己做出正确的决定。"帕特尔说。但停顿了一下之后,他惊呼道:"我只是觉得那个家伙不配!他为了那笔钱做了什么?他没有挣到那笔钱,我有!他却什么都没做,所以我要留着它,因为我喜欢美好的东西。"当帕特尔讲完这段话后,英国全国银行解释了这句话的真正含义:"这是来自未来的自己给你的信息:如果你在发工资的那天就存钱,你会更容易存下钱。"

这些只是我最喜欢的几个例子。其他金融公司也在纷纷效仿。但积极思考和设想未来的自己,其影响超出了金钱领域的范畴。来自北加利福尼亚州的大学生安莫·比德提供了一个好例子。新冠疫情暴发一年后,他的饮食主要是由肉桂吐司脆麦片和炸鸡三明治组成的,非常不健康。仅仅3个月,他的体重就增加了近13.6千克。不幸的是,传统的减肥饮食并没有帮助他扭转局面。但是,他在一封电子邮件中告诉我,在阅读了我们的一些研究之后,他决定采取不同的策略:他准备使用一个在线工具来创建理想的未来的自己的形象。

为了抑制暴饮暴食,他在浴室的镜子上和冰箱的门上贴了一张未来的自己的图片。他写道:"每当我下楼去冰箱拿哈根达斯巧克力棒时,我就会看到这张照片,然后就上楼了。"正如他所说,这张照片给了他一些期待,在低热量饮食、有氧运动和举重的帮助下,随着时间的推移,他体重减少了很多。

萨拉·拉波索和劳拉·卡斯滕森发现,与没有窥见未来满脸皱纹的自己的成年人相比,通过年老之后的图像"遇到"未来的自己的成年人，会更想运动和锻炼。¹⁴ 这为比德的故事增添了一些科学意义。

在伦理学领域，我和我的同事发现，在我们实验室设计的游戏中，当人们有机会作弊时，如果面对自己逼真的老年图像，人们最后会因此选择更加正当的行动方式。¹⁵ 在一个更现实的环境中，当高中生在脸书上与 40 多岁的未来的自己交朋友一周后，他们在那一周做出违法行为的可能性会降低。¹⁶

这些关于道德行为的研究样本数量较小，可能并没有太大说服力。这是可以理解的：很多因素会影响自己的决定是否道德，看到未来的自己可能只是其中之一。尽管如此，我的同事琼-路易斯·范格尔德已经开始尝试向荷兰罪犯展现他们老去后的图像。他初步发现，这样做减少了假释罪犯的自暴自弃行为（如饮酒和吸毒）。¹⁷

从储蓄到道德，再到健康，想象"未来的你"可以帮助你更好地改变现在的行为。不过，这样的图像不一定是万灵药，背景也很重要。例如，2019 年夏天，在网络红人的引领下，超过 1 亿的社交媒体用户参与了一场模拟面部衰老的火热活动。他们下载了 FaceApp，这个应用程序可以让人上传照片，然后在几秒钟内为他们展示他们老去后的样子。有些人感到震惊（"我看起来像摩西 584 岁生日时的样子。"），而有些人则觉得很有趣，戈登·拉姆齐说，这就是他主持《厨艺大师》第五十季时 ① 的样子。¹⁸

---

① 《厨艺大师》是美国福克斯频道推出的厨艺竞赛综艺节目，最新一季是 2023 年播出的第十三季。——编者注

但是，是不是数千万人突然就提高了他们的退休储蓄率，把甜甜圈换成了沙拉？

我不这么认为。社会心理学家喜欢指出，水会沿着为它开辟的最直接的路径流动，人也不例外，我们经常选择阻力最小的路径。如果我们想改变一些不理想的行为（比如花太多钱买没用的东西，以及没有足够的长期储蓄），这个过程必须很容易。相比之下，FaceApp 的图片没有与任何现成的储蓄工具、健康饮食计划等合作，这使其不太可能改变人们的行为。[19]

更重要的是，虽然这些图片为人们展示了一部分他们年老之后的样子，但仅通过展示来产生改变可能还是不够的。事实上，研究人员丹·巴特尔斯和奥列格·伍明斯基发现，要改变行为，我们必须知道未来的自己是存在的，并关心将要降临在他们身上的结果。[20] 在适当的背景下，看到年老的自己可能有两个方面的帮助：就像眼镜有助于视力，人工耳蜗有助于听力一样，年老的图像可以帮助我们更容易想到未来的自己，并增强我们对未来的共情能力。它们完美地诠释了提升我们时间旅行能力的第一种策略：让未来的自己与现在的自己感觉联系更紧密。让人们看到自己年老的图像，只是其中一种方法。

"亲爱的未来的我"：致未来的信

《纽约时报》畅销书《独自生还》的作者安·纳波利塔诺从小就是一个如饥似渴的读者。她现在仍然是（作为一个小说家，阅读当然是必不可少的），但还是一个孩子时，她对阅读是极其渴求的。读完 L. M. 蒙哥马利的"绿山墙的安妮"系列后，纳波利塔诺想要看她更多的书。于是，她转向蒙哥马利的另一个系列——"新月的艾米莉"。

纳波利塔诺告诉我，《绿山墙的安妮》中的安妮可能是更广为人知的小说人物，但艾米莉是一个勇敢、有魅力的孤儿。艾米莉也很爱读书，但她内向、害羞。"作为一个 14 岁的孩子，"纳波利塔诺说，"我同样拥有这些特质，所以我和艾米莉产生了共鸣。"

在小说中，艾米莉发现自己处于一种特别孤独的境地。为了和某人——任何人——产生联系，她决定写信。不幸的是，没过多久，她便难过地发现，她没有可以通信的对象。于是，她给自己写了一封信……收信人是 10 年后的自己。

纳波利塔诺觉得给 24 岁的自己写信的想法很酷。一天深夜，她决定也这么做。写好信后，她在信封外面小心翼翼地写上"致 24 岁的安"。

"真正的奇迹是，"纳波利塔诺回忆道，"我到现在都没有弄丢那封信！"从 14 岁到 24 岁的 10 年间，她完成了高中学业，上大学，大学毕业后搬入了她在曼哈顿的第一套公寓，开始读研究生。这封信一直跟随着她。19 岁时，她有一种强烈的冲动要把它打开——剩下的 5 年对她来说仿佛是一段漫长得不可思议的时间。但是她最终还是选择继续等。在 24 岁生日的早晨，她坐下来读了那封来自少女时代自己的信。

可以想见，这封信以青涩的笔触，写满了焦虑和对浪漫的渴望。在一篇专栏文章中,纳波利塔诺详细描述了她是如何羞愧地发现,14 岁的自己主要关心的是自己的身材和能否找到真爱。[21] 失望之余,她决定重来一次,再写一封信,这次是写给 34 岁的自己。

现在纳波利塔诺 50 岁了,每 10 年她都会写(和读)一封"给亲爱的未来的自己"的信。她总是一开始就告诉 10 年后的自己,她的生活是什么样的。她会写一些基本的信息,比如她住在哪里、在做什么,但也会探讨更深层次的话题,比如她爱谁、她的朋友圈子,以及她的担忧。信的后半部分倾向于关注她 10 年后的理想状态;她告诉我,她努力让自己现实一些:她和丈夫以及两个孩子住在布鲁克林,而她想要一间带门的书房!

她说,她读信时经常记不住自己过去写了些什么。她在 6 年前写了最后一本书,但她对里面的内容几乎记不住了。但是,阅读每一封 10 年前的信,了解她过去的希望和焦虑会让她大开眼界。信中有悲伤的成分:她在 24 岁时期望的事情一件也没有发生;也有充满希望的成分:从更宏观的角度看待她的生活。在她打开 34 岁时的那封信之前,她回忆起一件事,她希望对自己所做的事情少一点失望,对接下来会发生的事情多一点好奇。事实上,她告诉我,读那封信的时候,她第一次没有急着打开。正如她在专栏中所说,这是她第一次感到"完全融入了自己的生活"。

身为小说家的纳波利塔诺真正感兴趣的是那些记录了我们个人生活的故事。随着时间的推移,给自己写信和读信让她看到了自己生活中的更多的故事性。同时,这些信件能够促使她以更具体的方式思考未来的自己。每 10 年与未来的自己交流一次，也会让她思考 10 年后的自己在哪里，孩子们的生活是什么样的，她希望自己的生活是什么样的，以及这一切最终会如何叠加起来，成为她理想中的样子。她告诉我，这样做的价值在于，她能更有意识地生活："这让我尽可能专注于活出自我，因为我不知道还能收到多少封来自自己的信。"

高中的时光胶囊

当然，纳波利塔诺不是唯一做过这类事的人。1994 年以来，来自新泽西州的理查德·帕尔姆格伦老师每年都要求他的六年级学生给他们高中时的自己写信。和纳波利塔诺一样，他会努力确保这些信最终能被读到。一旦信封封好，他就把它们存放在办公室里，然后在学生们高中最后一年的时候寄给他们。（聪明的是，在与邮资通胀抗争了多年之后，他现在让学生们先在信封上贴上三张邮票。）

在信中，学生们写出了中学生活是什么样的，描述了一些当下发生的事，并列出了对未来自己的一些愿望。当他们最终读到这些信时，帕尔姆格伦告诉我："就好像他们在和过去的自己对话。"事实上，通过情景化练习的方式，他让学生们想象自己在他们生命时间线上的位置。作为六年级的学生，他们六年前还在幼儿园；六年后，他们将拿到驾照，准备从高中毕业。对帕尔姆格伦来说，这个项目迫使年轻学生（比如当年的纳波利塔诺）更深入地思考他们的目标，以及信件被打开时他们想要去哪里。

几十年来，帕尔姆格伦对这些信件的内容已经习以为常。然而，2020 年，电影制作人制作了一部名为《亲爱的未来的我》的纪录短片，讲述了他的学生和这一写信练习。在拍摄过程中，他目睹了他以前的学生打开过去自己的信的样子。围绕这部短片的宣传也促使那些从未收到信件的学生（因为他们搬家了或无法联系到他们）回到家乡领取他们的"时光胶囊"。最早的一批写信人现在已经快 40 岁了。

有趣的是，一个共同的主题出现了：阅读过去自己的信促使许多帕尔姆格伦的学生重新思考他们现在的道路，重新审视他们多年前为自己设定的目标。帕尔姆格伦告诉我："对他们来说，看到他们过去的自己，会促使他们重新思考自己——无论是以什么方式。"他们重新调整，并用一种更现实的思考方式期待接下来的几年。

由帕尔姆格伦完善的给"亲爱的未来的我"写信的练习成为学校的固定仪式，其他学校老师也会采用，这也是之前提到的 FutureMe 网站建立的动机。这些故事都暗示了这类信件的力量。但故事只是故事，有没有更好的证据表明，与遥远的自己交流可以让我们现在和未来的生活更美好？

越来越多的证据表明，答案可能是肯定的。例如，在阿贝·拉奇克领导的一个项目中，我们发现，当数百名大学生给 20 年后的自己写信时（与那些只给 3 个月后的自己写信的人相比），他们更有可能在接下来的一周内进行体育锻炼，并且锻炼的时间更长。[22]

因为他们具象地想到了遥远未来的自己,所以他们有动力照顾好自己的身体。

然而,弄清楚在这样的信里写些什么或者如何写这些信是很有挑战性的。因此,在与 Ideas42 的合作中,我和我的同事阿夫尼·沙阿使用了一个有一系列填空题的图书馆风格的应用程序,帮助墨西哥银行客户给退休的自己写信。数百名财务顾问鼓励数千名客户认真且详细地思考,退休时他们想成为什么样的人。例如,该应用程序要求客户考虑他们将住在哪里,将与谁共度时光,以及晚年会做什么。这样做很重要:与不写信的客户相比,写信的客户更有可能注册储蓄账户。[23]

最近,心理学教授千岛佑太和安妮·威尔逊发现,当新冠疫情首次袭来时,与没有给未来的自己写过信的人相比,那些写过信的人负面情绪会很快缓解。写信能够帮助人们走出此时此地,并获得一些新的视角,随着越来越接近未来的自我,他们因疫情产生的负面情绪可能会减弱。而且,通过建立这种连接,参与者也更容易摆脱焦虑。[24]

我刚刚讨论的这些特定干预是单向"交谈":人们写信给未来的自己或者用未来的自己的口吻写信。其实最好是双方之间进行一些有来有回的对话。毕竟,谁会想和一个只谈论自己的人约会呢?最近的研究发现,让现在的自己和未来的自己之间对话,可能比给未来的自己写一封简单的信更有影响力。例如,千岛佑太和威尔逊要求数百名高中生和 3 年后的自己通信。与单方面给未来的自己写信的学生相比,那些写了信又写了回信的学生报告说,

他们与未来的自己关联感更强。他们还报告说，即使面对诱惑，他们也更有可能参与职业规划和认真复习考试。²⁵

除了写信和模拟老年的样子，我们还有其他有效的方法可以拉近与未来的自己的距离。例如，我以前的学生凯特·克里斯坦森，现在是印第安纳大学的教授，想出了一个有意思的主意：从未来出发，在精神上回到现在。大多数时候，当我们想到未来的岁月时，是从今天开始我们的精神之旅的，并向前旅行到未来的某个点。但没有什么能强迫我们朝某个特定的方向前进。

事实上，在几项研究中，克里斯坦森、萨姆·马利奥和我都发现，从未来开始回溯，也会增加我们对未来自我的亲近感。我们甚至发现，这种"反向时间旅行"会让人们更愿意在今天采取行动，为明天做好准备。²⁶ 例如，在一个实验中，我们与一个大学储蓄应用程序 UNest 合作。我们联系了超过 2.5 万名已经开始但未完成注册流程的人。我们把他们分成两组，其中一组看到了一条信息，上面写着："今年是 2031 年。让我们回到 2021 年。"另一组看到了更传统的内容："今年是 2021 年。让我们前进到 2031 年。"虽然整体转化率很低，但反向时间旅行的效果却很明显：从未来出发并回溯到当下的用户愿意输入个人数据并且注册大学储蓄账户的可能性是另一组用户的两倍以上。

为什么？想想当你开车去一家新餐馆时会发生什么。去那里的旅程和回家的旅程，哪个看上去花的时间更长？如果你和大多数人一样，你会感觉回家似乎比去一个新地方花的时间要少（心理学家为这种现象取了一个有智慧的名字——"回家效应")。去一个新的目的地的感觉是有许多不确定性的,直到我们把车停好,到达前门,我们才感觉"到了"。回程就不一样了:当到达第一个地标时——便利店、红绿灯或校园——我们就像回到了家一样,这些是我们认为进入"家"的范围的标志。[27] 同样的道理也适用于心理时间旅行。从不确定的未来回溯到更确定的现在,会让旅行感觉更短,缩短现在和未来之间的距离。

接下来是让未来更近的最后一个建议:与其以年为单位来考虑现在和未来之间的时间,不如以天为单位来考虑。研究人员尼尔·刘易斯和达芙娜·奥伊瑟曼要求数千名研究参与者这么思考,并取得了很好的效果。当人们被要求思考10950天后退休时,他们比与那些被要求思考30年后退休的人开始做储蓄计划的时间早4倍。按天思考而不是按年思考也会影响其他结果,比如大学储蓄计划的可能性。这有一个令人信服的原因:一天感觉很短,一年感觉很长,在精神上穿越几天而不是几年有效增强了人们与未来自我的联系。[28]

无论是将日历从按年计算转为按天计算,回溯时间,促进当下和未来的自己之间的对话,还是与自己老去后的图像互动,让未来更接近的解决方案都有一个共同的主题。我们很自然地专注于当下,目光短浅地专注于此时此地,但这些经过检验的技巧有助于润滑我们时间旅行机器上的齿轮,最终使我们未来的自己更接近现在的自己。

本章重点

○ 为了弥合当下自我和未来自我之间的差距,你可以"拉近未来"。

○ 你可以创造年老之后的虚拟图像来想象未来的自己,或者给未来的自己写信。

○ 情境很重要。仅仅看到老年的自己或者给他们写信,可能还不足以改变自己的行为。相反,应该把这些"使未来自我生动形象"的练习与你可以立即做出选择的情境(比如在线投资平台)有效结合起来。

○ 其他方法也可能有效:从未来回溯到现在,或者按天而不是按年来考虑未来。

第八章

对未来做出承诺并坚持

　　这种药片看起来和你从药店买到的其他药片一样：小小的、白白的，中间有一条斜线，药片的边缘有几个看起来很神秘的字母。在一天早上，詹姆斯·坎农喝完咖啡后，就着一杯水喝下了一片这种药。

　　接着他做了一件稍微不太寻常的事情。他拿起一瓶伏特加，小心翼翼地往一只矮脚杯中倒了一点，又加了些苏打水。

　　虽然时间还早，詹姆斯还是喝了半杯，然后走进卧室，看了一会儿电视。

　　大约15分钟后，通常与酒精伴随而来的松弛感明显消失了——既没有愉悦感也没有轻微的兴奋感，他只感觉有一种莫名的压力积聚在脖子上。

　　他挣扎着从床上爬起来，走到厨房，喝完了他那用伏特加和苏打水混合而成的鸡尾酒。

10分钟后，刚刚轻微的压力感开始加剧，并蔓延到头部。他感觉不太能站稳。他的眼睛很痒而且开始充血，严重到近距离看"那些眼白的中的毛细血管就像爬在墙上的常春藤"。[1]

就好像他跳过了喝酒的乐趣部分，直接跳到史诗级的宿醉阶段。

事实上，这正是詹姆斯·坎农所经历的。这一切完全是因为那个白色的小药片。喝酒时，我们的肝脏会将其分解，首先分解成有毒的乙醛，然后分解成无害的醋酸盐。但坎农喝完第一杯咖啡后服用的双硫仑片①，却让酒精这列火车走向了一条不同的轨道。从本质上说，它阻碍了身体正常处理酒精，阻碍了乙醛的代谢，使体内只剩下酒里那些会导致宿醉的、令人不愉快的东西。

这也是解决我们时间旅行困难的另外一个完美例子。正如我将要解释的，双硫仑片是一种在行为经济学上被称为承诺机制的工具：它使你的旅行变得不容易出错，也让你更加容易得到期望的结果。就像保龄球道上的边沟一样，承诺机制的目的是让我们的行为保持在正轨上。为了理解这个过程是如何运作的，让我们再回到詹姆斯·坎农身上。

一个案例：酗酒的詹姆斯·坎农

坎农在家用双硫仑片做实验之前的几年里，他逐渐养成了酗酒的毛病，在他的妻子生下第四个女儿后，他的酗酒问题变得越

---

① 双硫仑片（Antabuse），也常被称作戒酒硫或安塔布司，是一种用于治疗慢性酒精上瘾的药物。——编者注

发严重了。每天下午 2 点左右,他会打开第一瓶啤酒,然后继续喝 8~12 瓶,直到入睡。对不经常喝酒或只在社交场合适量饮酒的人来说,这个数量的啤酒肯定会导致一些失控的醉酒状态和第二天早上起来那令人虚弱的宿醉感。但是对坎农来说,每天 12 瓶的习惯却从未导致任何真正的问题。他很少喝醉,在家和职场中都处于正常状态。正因为他没有因喝酒而遇到任何问题,他的饮酒量也不太会被质疑。

然而,随着妻子对他饮酒行为感到越来越不安,尤其是他当着年幼的孩子喝酒时,一切都变了。婚姻关系的紧张非但没有抑制他喝酒,反而导致他喝得更多了,并开始出现持续几天甚至几周的"狂欢",他几乎每天想的事情就是找酒喝。唯一能让他结束酗酒的原因是他开始意识到自己的健康每况愈下。他说:"我不想将就过现在的生活,但我也不想死。"[2]

在 20 世纪 90 年代经历过一次严重醉酒之后,他决定向一位医生朋友寻求帮助。

这位朋友就是亚历山大·德卢卡博士。当时,德卢卡是史密瑟斯药物和酒精治疗中心的主任。该中心处于成瘾治疗领域的最前沿,现在是哥伦比亚大学精神病医学系的一部分。

德卢卡给酗酒的患者开出各种各样的治疗方法,包括双硫仑片。他在一次采访中告诉我,他特别喜欢用这种药物,在很大程度上是因为他亲身体验过其药效。

德卢卡自己就是个酒鬼。他把酗酒问题归咎于童年时期经历的创伤。在尝试了几乎所有戒酒的方法并发现它们几乎都没有效果之后，他决定看看双硫仑片是否能奏效。事实上，它做到了。几天之内，德卢卡大大减少了饮酒的次数。

为什么双硫仑片如此有效？德卢卡将其归功于药物的作用机制简单。德卢卡向我解释，服用双硫仑片时再喝上一杯酒是非常可怕的："即使是最温和的反应也会让人非常不舒服。"这不是说你喝足够多的酒就能克服最初的不适感，因为你喝得越多，不适感就越严重。但双硫仑片最重要的特性是它在被服用后仍能在血液中保持数天。对德卢卡来说，双硫仑片的药效通常会持续 10 天左右。因此，如果你想"作弊"实际上是非常困难的，比如在周四服用双硫仑片，然后在周六早上试图为参加周末派对而不服用药物，是行不通的。

用德卢卡的话来说："每天做一个决定比做 25 个决定要容易得多。"一个决定，即服用双硫仑片，而不是每天反复对诱人的酒精说"不"。事实上，因为双硫仑片的药效在体内会持续很久，所以这更像是每隔几天才做一次决定。

如今，德卢卡已经在爱达荷州博伊西退休，他不再喝酒，也不再有喝酒的冲动。但在 20 世纪 90 年代，他服用了大约 6 年的双硫仑片，他告诉我，在这段时间里，他在学术和专业方面都取得了不小的成就。

和德卢卡一样，詹姆斯·坎农也尝试了许多不同的戒酒方法。当这些方法都没有作用时，他最终选择了尝试双硫仑片治疗。

总有一个当下的"你"符合未来的期待

就像对德卢卡一样,在服用双硫仑片前的日子里,坎农每天要做一系列决定:什么时候喝酒?喝多少?是否放弃喝酒?但每天早上服用小药片很快让他的这些内心对话消失了。

药片也给了坎农去探索一系列不同问题的自由。因为不再迷恋醉酒的感觉,坎农开始思考生活中会激发他喝几杯啤酒来麻痹情感的因素是什么。在回顾使用双硫仑片的经历时,他重点讲述了一个周六下午,他正试图修复家里电脑上的一个小故障,这个小故障是他的一个女儿不小心下载了一个带有病毒的文件引起的。工作了大约一个小时后,就在他快要完成的时候,他最小的女儿走进了书房,一屁股坐在键盘上,直接把坎农的成果都毁掉了。

他当时想,虽然这件事令人恼火,但他应该咬紧牙关,坚持不生气。生孩子的气有什么用呢?接着他想到了周二要去参加的一个聚会——他可以在那儿放松一下,喝上几杯。

但这个时候双硫仑片的声音突然闯了进来:"那个聚会听起来很棒,但只要你有我在,喝酒就不会太有趣,而且周二之前你休想摆脱我。"[3] 后来回想起那一刻时,坎农突然意识到,他对任何挫折的反应都是开始想什么时候能喝点酒来消消愁。然而,在更深入地思考后,他开始意识到自己其实一直在压抑情感,而不是积极应对日常的育儿压力和工作压力。他只是选择保持沉默,筹划着下一次的"酒精狂欢"。

通过将酒精从应对压力的策略菜单中移除，双硫仑片揭示了坎农在"酒精狂欢"之前的心理状态。这颗白色的小药片迫使他找出新的压力应对方案，而这些方案没有一种是从易拉罐里倒出来的。

双硫仑片是一种解决酗酒这一特殊问题的药物，这个问题同样影响着大约 6% 的 12 岁以上的美国人口。[4] 过度饮酒与其他问题行为都有相似之处，比如暴饮暴食、过度消费或者天天盯着手机看。换句话说，任何问题都是如此，我们对未来的自己有一个理想的想象，但现在的自己毫无疑问会把事情搞砸。

我们可能希望未来的自己更健康、经济更稳定，而且要活在当下。我们希望未来的自己身体肥胖指数低，银行存款充足，受到家人和朋友的喜爱。然而，我们也知道，现在的自己会在午餐时点辣椒薯条（尤其是当另一种选择只能是沙拉当配菜的时候），执迷于商家免费送货优惠而购买事实上我们穿不着的衣服，忽视我们的家人，只为去看看手机上的那个小提示说的是什么（它可能是一个重要的社交媒体信息通知哦）。换句话说，总会有一个现在的自己——不管我们美好的愿望是怎样的——使我们的生活看起来与我们所期望的状态有所不同。

事先承诺机制

就酗酒问题来说，双硫仑片让现在的我们很难在戒酒之后重新开始酗酒。我相信你对这一策略的其他类似做法也不会陌生。

你肯定买过一包只有 100 卡路里的零食，这就是一个承诺机制：你承诺只吃那些小而美味的趣多多巧克力曲奇饼干。如果你曾经报名参加健身课程，或者计划和朋友一起散散步，那么你就是在做提前承诺——不做一个窝在沙发里看电视的家伙。这些都是比较温和的"事先承诺"的方式，至少比服用那种药片要温和得多。那种药片会让你在喝了一杯伏特加汤力酒后头痛欲裂，并感到非常恶心。

事先承诺的做法，并非源于人们试图限制自家柜橱奶油夹心蛋糕的储存量。事先承诺最初是由 2005 年诺贝尔经济学奖得主托马斯·谢林在防止冷战升级的背景下，进行学术讨论时提出来的。早在 1956 年，他就建议各国可以通过事先承诺采取一系列行动的方式，减少全面冲突的可能性。[5]

事先承诺是这样运作的：想象一下，加拿大的枫糖浆工厂是一些渴求枫糖浆的国家想要掠夺的目标。如果美国国会通过一项法案，声明美国将会在发生袭击事件时不惜一切代价保卫加拿大的枫糖浆工厂，这将降低其他国家大规模抢夺枫糖浆的可能性。为什么？因为美国明确且已经承诺的反击威胁，会让任何想对加拿大的攻击行为都变得不那么有吸引力。[6]

这种深刻的洞察，涉及在个人层面制定承诺机制时的一个重要方面：要提出一个真正有效的承诺手段，你必须具备健康的同理心，能够设身处地从他人的角度出发，特别是从未来的自己的角度出发来思考。在我刚刚提到的那个荒诞的枫糖浆例子中，美国国会议员必须能够站在其他国家领导人的立场（他们的国民虽然吃着煎饼，但极度缺乏枫糖浆！）上思考，猜到他们可能会被美国采取行动的承诺吓倒。就像潜在交战的国家一样，在采取事先承诺策略时，我们必须采用不同的视角思考，并清晰地了解未来自我可能会面临的各种诱惑。

虽然最终是谢林为这种策略命名的，但这种事先承诺策略已经存在了几个世纪。例如，1519 年，探险家埃尔南·科尔特抵达墨西哥时，故意凿沉了自己 12 艘船中的 11 艘，以确保他的军队只能继续前进，不能回头。[7] 同样，中国西汉时期的将军韩信在为某场战争① 布阵时，为了让军队背水一战，切断了士兵们的退路。[8]

20 世纪 80 年代，谢林转换了研究方向，开始思考如何将类似的策略扩展到我们内心的冲突中。[9] 他提出了一些颇具创造性的可能性，并激励后来的经济学家提出他们的思路。比如，你需要完成一些工作，但经常被其他任务和各种琐事分散注意力，你可能会考虑让朋友把你送到咖啡馆待上几个小时，顺便拿走你的手机，这样你就可以把这些事情直接从你的待办事项清单上擦掉了。（诗人玛雅·安杰卢也使用过类似的策略：[10] 虽然她拥有一座大房子，但她会定期去一家墙上没有任何装饰的酒店工作，这样她就可以在完全专注的状态下写作——实际上一家没有无线网的咖啡馆可能是一个更便宜的替代方案！）你也可以在晚饭后立即刷牙，这样就很难再去吃夜宵了。还有一个我没试过的古怪方法：你如果早上起床很困难，可以在晚上喝大量的水，这样当闹钟响的时

---

① 与陈馀率领的赵军在井陉口的一场战役。——译者注

候（如果不是更早），你就得被迫起床。[11]

这些例子引发了关于承诺机制的更大问题。如果想要找到一个对自己奏效且有助于实现未来目标的承诺机制，最重要的是，我们需要了解什么样的承诺机制是对自己最有效的，以及为什么可以起作用。

了解什么样的承诺机制是对自己最有效的

我相信你一定认识一些给他们吃的食物拍照的人，或者你自己就是这样的人。然而，我的朋友克雷格不是这样的人。事实上，在我认识他近10年的时间里，我从来没有见过他掏出手机拍任何东西。

直到有一天吃午饭的时候，我看到他小心翼翼地把一个苹果、一小袋薯片和一个三明治放在桌子上，然后拍了张照片。

"哦，对不起，"他注意到我怀疑的表情，"我需要让我的营养师知道我午餐吃了什么。"

最近几年体重明显增加之后，克雷格决定做出一些改变，他选择的策略很简单：每当要吃东西的时候——无论是早餐、零食、午餐还是晚餐——他都会把食物的照片发给营养师。营养师的工作是粗略评估他食物中的卡路里摄入量，以及食物多样性是否达标。她很快就会告诉他，比如下一餐要多吃蛋白质，或者少吃碳水化合物。

当然，克雷格需要事先承诺给他的食物拍照。但是，通过与营养师一起制订饮食计划，并向她承诺会分享这些照片，他同时也要承诺吃更健康的食物。你可以认为这是一种心理上的承诺：通过事先声明你将进行或不进行某种行为，你正在做出一种本质上完全是心理上的承诺。一些经济学家称之为"软承诺"。[12]

请注意，没有谁能阻止克雷格想吃什么。如果他吃了太多巧克力蛋糕，他的营养师也不会神奇地出现并训斥他。见鬼，实际上这个营养师甚至都不在美国！

然而，即使有时他会自欺欺人（比如我曾经发现他把一袋坚果放在了相机取景框之外），这个计划对他来说也很有效：他减掉了 6.8 千克，而且感觉一天比一天健康。

克雷格这种心理承诺并不罕见。越来越多的研究发现，在某些情况下，软承诺非常有效。也许最知名的证据来自我的一个同事，什洛莫·贝纳茨。贝纳茨与诺贝尔经济学奖得主理查德·塞勒一起，向雇主们推出了名为"明天多储蓄"员工储蓄计划。该计划的特点是从工资支票中划出一部分自动存入 401（k）账户，并且随着时间的推移，缴款金额比例会逐渐增加。虽然听起来很复杂，但实际上这是一种简单的心理承诺：员工会自动加入，但他们可以随时选择退出。这个方法是有效的。在首家实施该计划的公司里，参与计划的员工在大约 4 年的时间里储蓄率增长了 4 倍。[13]

类似的心理承诺计划，也就是软承诺计划，已经被有效地用以推动其他行为，比如向慈善机构捐款、[14] 参加和完成减肥课程[15] 等。

然而，值得注意的是，如果这些承诺计划执行不当，可能会适得其反。例如，最近的一项研究发现，当员工被问及他们是想现在加入该计划，还是承诺在几个月之后加入时，员工的储蓄率会有所下降。当同时看到这两个选项时，员工可能会产生误解："我的雇主是说我应当现在做这件事，还是以后再做也行？这件事看起来也许没那么重要！"

然而，有一个解决办法。我们应当在他们拒绝参与某个项目时，再向其提供未来某个时间点承诺参与的机会。事实上，在一项实验中，数千名成年人被问及他们是否想要参加一个免费的财务状况评估时，那些有机会立即参与评估，并且在拒绝后可以选择一周后再参与的人，完成评估的可能性要远高于那些同时获得立即参与或延后参与评估两个选项的人。

这意味着什么？如果心理承诺计划——或任何形式的承诺计划——被以一种没有紧迫感的方式提供出来，那它们很可能都不会被采纳。[16]

回顾他的节食计划，克雷格告诉我节食计划成功的一个重要原因是他对营养师的责任感。他得发一张饭菜照片的做法迫使他更加注意选择吃什么。克雷格说，拍这些照片就等于"在我吃的东西的前面摆了一面镜子"，他担心如果自己经常选择不健康的食物会让他的营养师深感失望。

一些初步研究支持了责任感对行为的影响很重要的观点。以智利的一项研究为例，企业家在"同行储蓄小组"中公开承诺进行储蓄，他们的储蓄金额是没有这么做的企业家的 3.5 倍。[17]

然而，当我们做出承诺却未能兑现时，失败的代价不仅是让别人失望。当我们违背自己的计划时，我们心理上也会产生负担。可以这样理解，我们倾向于保持自己行为的一致性。如果我告诉自己今天晚餐后绝不再碰食品柜，结果却发现自己肆无忌惮地大嚼 M&M 巧克力豆，这个时候我已经让过去和未来的自我都失望了，而我不想把自己视为那种会让"别人"失望的人。

有了这些心理承诺，我们可以向未来的自己承诺以某种方式行动。但如果没做到，我们也不会受到什么实质性的惩罚：我们不会因为没有坚持下去而被罚款或关起来。如果我们偏离了最初的计划，我们主要失去的——正如经济学家罗兰·贝纳布拉和让·梯若尔所指出的——是对自己的信心。[18]

当然，还有更极端的方式来让我们"坚持到底"。比起我刚才讨论的简单承诺，我们可以更进一步，主动移除那些诱惑我们的选择。

移除所有的诱惑选项

戴夫·克里彭多夫在麻省理工学院攻读 MBA 时，住在波士顿比肯山的一套公寓里，这里步行即可到达全食超市。对克里彭多夫每天都想一边完成作业一边吃点零食来说，住在这里很方便。但是对他同样强烈地想少吃点零食来说，这个地方又显得不太友好。

在一次采访中，克里彭多夫告诉我，在这种冲突反复上演之后，他开始思考，是否有一种方法可以抑制他对零食的痴迷。他知道他无法有效地阻止自己散步到全食超市，并购买一小包饼干。他也知道，单纯限制自己的购物次数，转而购买更大包装的饼干也不奏效。在发现其他策略都不尽如人意之后，他意识到自己需要采取更强硬的手段。

也许是因为他在麻省理工学院读书，周围都是世界顶尖的工程师和有抱负的企业家，他找到的解决方案是发明一种新产品。当然这不是什么新奇的应用程序或高科技设备，而是一个老式的保险箱。或者更确切地说，这是一个"厨房保险箱"。

就像它的名字一样，这是一个放在厨房里的上锁的箱子。但它不是那种带有螺栓锁的笨重金属箱子，更像是一个塑料的特百惠盒子，盖子上装有一个电子键盘。锁定时间可以设定为一分钟到十天不等。不管时间设定了多久，它的核心功能都是消除日常生活中的诱惑。

克里彭多夫最初提出这个想法是将其作为他商学院课程的期末项目，然后它变成了一个副业。在克里彭多夫离开华尔街，决定全身心投入后，这个项目最终成了一家真正的公司。通过在大众媒体上发表的几篇文章，并在后来的《创智赢家》节目中获胜，他的小创业项目现在已经发展成一个朝气蓬勃而且能够自给自足的企业。每年，数以万计的消费者——这些消费者坦然面对自控力的挑战——都会选择购买这种有锁的箱子，以克制自己当下的冲动。

虽然一些消费者使用这款产品是为了达到节食的目的——锁住巧克力、饼干和糖果，但也有一部分人是来解决更严重的问题的。有些人在里面放了酒精或药物，包括处方药。例如，克里彭多夫告诉我，他收到了一位患有睡眠障碍用户的来信，这位用户有一种处方药能帮助她进入深度睡眠，但只能每四小时服用一次。在发现自己"作弊"并自行缩短了服药间隔后，她开始将药瓶锁在厨房保险箱里，并设置一个 4 小时的倒计时。

我最喜欢的案例可能是一位年轻人在红迪网上分享的帖子，他使用这种保险箱来帮助自己应对互联网带来的注意力不集中问题。他这一极端解决方案需要一把挂锁、他的物理书和一个衣柜。他将挂锁的钥匙放入保险箱，并设置了 4 小时的倒计时。通过这种方式，他巧妙地将自己的衣柜变成了一个高效学习的空间，迫使自己专心致志地学习。[19]

就我个人来说，在发现自己的家庭时光因社交网络而多次蒙受损失之后（我真的需要在离开桌子去倒水的时候也查看一下推特吗?），我开始使用克里彭多夫的装置在晚上——至少在孩子们睡觉之前——锁上我的手机。我使用的这款产品设计得恰到好处：箱子是不透明的，确保你看不到任何弹窗和通知，箱子的后面还巧妙地预留了充电口的空间。

显然，该产品帮助人们解决的问题不仅是吃零食。由于人们发现这款产品的用途非常广泛，克里彭多夫最近将他的公司和产品的名称改为 KSafe。

这种特殊承诺机制背后的驱动力在于它消除了选择。它拿走了饼干、手机、处方药，甚至走出衣柜的能力。实际上，一旦 KSafe 被锁上，用锤子或其他钝器将其砸开是唯一的打开方式。

神经学家马克·刘易斯一直在与自己的上瘾问题斗争，他在详细阐述"消除选择"策略时，描述了一只狗看到一块牛排被放进冰箱里。狗知道冰箱门里有一块多汁的肉，于是不停地用爪子抓门。但如果它的主人能证明冰箱门现在已经被锁住了，狗狗的抓门行为——甚至它的欲望——将会随之消失。[20]

我在很多方面都能体会到这种感觉。晚上锁好手机后，我注意到我不断查看每个通知的冲动减弱了。同样，几年前，我和心理学家沃尔特·米舍尔共进午餐时，我注意到我是唯一把我们餐前上的所有面包都吃光的人。当我问他是否也想要一片面包时，他告诉我，对他来说面包是完全不能吃的。作为一个患有乳糜泻的人，餐前的这些碳水化合物对他没有太大的诱惑。你是否理解在主菜到来之前，一边吃着面包卷，一边知道自己应该停下来为即将上来的主菜留出空间的那种矛盾感受？米舍尔在被确诊后就不再有这样的感受了。在与他以前的学生、作家玛丽亚·科尼科娃的一次访谈中，米舍尔相当清晰地描述了这个现实转变：对他来说，乳糜泻造成了"一种突然的变化，那些他一生钟爱的美食——维也纳甜点、阿尔弗雷多意大利面——现在已经转变为不可触碰的毒药"。[21]

他向我讲述他的经历时，我记得我当时在想，如果我能说服自己相信那些不健康的食物根本不是一个选项，我可能会变得更健康。那次午餐会面几年后，不幸的是，我的愿望实现了。我发现我也患有乳糜泻，突然之间，面包制品就像被锁着的手机一样：禁止食用。

事实证明，禁止诱惑带来的好处远远超越了碳水化合物的美味。例如，经济学家纳瓦·阿什拉夫与菲律宾一家农村银行合作共同打造了一款创新储蓄产品，也就是储蓄（save）、收益（earn）、享受存款账户（enjoy deposits），他们称之为 SEED。这个产品的主要特点是它的工作方式有点像 KSafe：客户一旦把钱存入储蓄账户，便无法在预设的时间之前提取资金（比如，8月购买学习用品或 12 月购买度假用品）。他们也可以将自有资金冻结，直至累积到他们设定的目标金额为止。

一年后，拥有 SEED 账户的客户比没有该账户的客户储蓄余额增加了 82%，算下来约合 8 美元。[22] 这听起来可能只是一小笔钱，但在这个特定环境下却具有很大的影响：当这项实验正在进行时，一个五口之家一个月买大米的费用大约是 20 美元。类似的产品在肯尼亚和马拉维的偏远地区也取得了一定的成功。[23]

虽然它们相对有效，但人们并没有大量采用这类"移除选项"的产品。例如，在菲律宾，只有 28% 的银行客户选择了这种被锁定的储蓄账户。其中部分直接的原因是，我们往往很难对自己必需且喜爱的资源加以限制（比如钱和我们最喜欢的食物）。

不过，心理学家珍妮特·施瓦茨可能已经找到了解决这个问题的巧妙方法。她的洞见是在夏季访问康尼岛期间得出来的。去康尼岛一定要去著名的内森热狗摊。施瓦茨和她的两位朋友恰巧是在纽约餐厅开始流行在菜单上列出卡路里数字后去了内森热狗摊。施瓦茨后来告诉我，她震惊地发现，自己经常点的薯条热量竟然高达 1100 卡路里。

她和朋友于是决定不吃三份热狗和三份薯条,而是分着吃一份薯条。请注意,这并不是说他们选择把薯条和热狗分开吃——谁会大老远跑到康尼岛只为了吃三分之一的热狗呢?当涉及感兴趣的食物(比如热狗)时,他们没有限制自己的选择,而是选择了限制他们的配菜(比如薯条)。

如果总体目标是至少还算健康的饮食,也就是说,一天摄入的卡路里不要超过你需要的卡路里,那么对施瓦茨来说,"减少配菜摄入"的解决方案似乎奏效了:她和她的朋友本可以很轻松地回去再点一两份薯条,但他们坚持每个人吃一整只热狗外加三分之一份薯条。他们离开内森热狗摊时既满足又快乐,也对自己的自控力很满意。

施瓦茨是承诺工具方面的专家,她和她的同事后来将这一洞见付诸实践。他们与一家中国快餐店合作,这家快餐店的主菜配有四种配菜选择:蒸蔬菜、蒸米饭、炒饭和炒面。如果食客点了这类高热量、高淀粉的食物——这些配菜的热量都至少有400卡路里——他们可以选择将分量减少一半。

请注意,在实验开始之前,大约只有1%的用餐者会主动要求减少高卡路里配菜的分量。但是当"半份配菜"的选择提供给用餐者时,大约三分之一的人表示同意。[24] 实际上,用餐者并没有通过选择更高热量的主菜来弥补减半的配菜,接受这一提议的用餐者所点的主菜热量,并不比拒绝该提议的用餐者点的主菜热量多。同时,那些点了整份配菜的用餐者在餐后也没有多余的食物剩在盘子里。

施瓦茨告诉我，干预措施成功的部分原因是"因为我们针对的是餐食的外围部分，而不是主要部分"。她指出，当你去快餐店时，通常会有一些东西吸引你，无论是炸鸡三明治、芝士汉堡还是橘子鸡。你很可能不愿意放弃主菜的一半，但如果只放弃半份米饭、半份薯条呢？人们可能更容易接受。

增加适当的惩罚

然而，这些策略存在一个重要问题，这个问题在阿诺德·洛贝尔的一则儿童故事中得到了很好的阐释。《饼干》这个故事是关于青蛙和蟾蜍这两个最好的朋友的一系列短篇故事中的一个，蟾蜍刚刚烤了巧克力曲奇给它们享用。

它们各自吃了一块，并且宣称这是它们吃过的最美味的曲奇。于是，它们又吃了一块。然后……又吃了一块。虽然它们不断说着"我们必须停下来"，但它们还是继续往嘴里塞着更多的曲奇。青蛙作为一个曲奇鉴赏家，也是一个精明的业余心理学家，它决定开发一个简单的承诺工具，帮助它们结束这场曲奇狂欢。

然而，每当青蛙想出一个主意时，蟾蜍总能找到一个简单的应对办法。

青蛙想，曲奇可以放进一个盒子里！"当然，但你可以直接打开盒子。"蟾蜍指出。

这个盒子可以用绳子捆起来！"当然，但你可以把绳子剪断。"一向很务实的蟾蜍说。

曲奇可以放在绑着绳子的盒子里，然后放到橱柜的顶部，只有通过梯子才能拿到！"当然，但你可以爬上梯子，剪断绳子，打开盒子，吃掉剩下的曲奇。"蟾蜍悲观地说。

青蛙想到了一个更好的主意。它爬上梯子，剪断绳子，打开盒子后，把饼干拿了出来，并大声喊道："嘿，鸟儿们，这里有曲奇！"不一会儿，鸟儿从树上飞下来，把盒子里的东西吃光了。

青蛙终于满意了，它再也不会被诱惑了，它很高兴地总结，它和它的伙伴已经展现出了很大的意志力。

然而，蟾蜍没有这种感觉。"你可以保持你的意志力，"它告诉青蛙，"现在我要回家烤蛋糕了。"[25]

就像这两个水陆两栖的好朋友一样，在心里，我们可能会陷入类似关于承诺策略的思想斗争。就像青蛙一样，我们怀着最好的意图，并且承诺采取行动，移除未来可能诱惑我们偏离承诺的选择。但是当下的我们——就像那只蟾蜍——可能会偷偷地想出办法来破坏这些计划。

为了在这些内心交战的自我之间达到最大的和谐，承诺机制必须找到恰当的平衡点：既要足够有力以限制那些令人反感的行为，又不能过于严苛导致这些工具变得让人难以接受。

简而言之，这些策略只有在被愿意采纳的情况下才能发挥作用。如果这些策略过于苛刻，人们就不会采纳。将承诺策略理论化的经济学家托马斯·谢林曾描述过丹佛一家成瘾诊所的案例。作为该项目的一部分，患者将会撰写"自我指控信"，并交给医务人员，承诺如果他们未通过药检测试（主要是毒品测试），同意这些信件被发送到他们指定的收信人手中。[26] 比如，如果一位对可卡因成瘾的医生被随机检测出可卡因呈阳性，就会有一封承认自己违反州法律的信件被送到州医学委员会。这种手段似乎相当极端，虽然它具有承诺的有效性，但可能难以被广泛采纳。

因此，一个可能的解决方案是提出适度的未来惩罚措施。换句话说，对偏离目标的惩罚必须足够严苛，足以起到威慑作用，但又不能太过严苛，以至于没有人愿意承担风险。

考虑一下作家尼尔·埃亚勒称之为"燃烧或燃烧"（burn or burn）的策略。在一次采访中他告诉我，他在抽屉柜里放着一本日历。日历的当天那页上贴着一张 100 美元的钞票，但抽屉柜顶上也放着一个比克打火机。每天他都必须做一个决定："我可以选择燃烧一些卡路里，或者燃烧 100 美元。"这是"损失厌恶"原理在起作用：在某些情况下，潜在的损失有一种额外的情感冲击力，从而起到激励的作用。换句话说，埃亚勒可能不想流汗，但他更不想失去他的钱。[27]

燃烧卡路里的活动可以是任何形式，散步、去健身房、做仰卧起坐……能让他动起来的事情都可以。自他将这一选择纳入日常生活以来，面临烧毁 100 美元的风险一直有效地激励着他避免陷入过去的懒散状态。这种潜在的损失所带来的痛苦，足够推动他采取行动，但又不至于严重到让他想要彻底放弃。三年过去了，他仍然坚持每天都在做出"燃烧或燃烧"的决定。埃亚勒曾经被诊断为肥胖，现在，44 岁的他处在有史以来最健康的状态。

"添加适当的惩罚"策略已经在更正式的场合中得到了验证。

珍妮特·施瓦茨和她的同事与那些已经参加了健康食品奖励计划的杂货店顾客合作了一段时间。顾客有机会获得折扣，条件是他们必须承诺在接下来的 6 个月里，每个月提升 5% 的健康食品购买量。如果未能履行承诺，他们将失去在这段时间内已经积累的所有折扣。虽然这不像燃烧百元大钞那样露骨，但效果是差不多的。大约有三分之一的顾客加入了这个既严苛又不失灵活性的承诺机制。该计划效果还是很突出的：参与的顾客在健康食品购买量上平均增加了 3.5%。[28]（公平地说，这个结果未达到顾客最初承诺的 5% 的目标，这也凸显了随着时间的推移，改变购物习惯是有难度的。）

这些惩罚式承诺工具也在健康饮食与锻炼身体之外的领域得到了应用。例如，一个戒烟项目为吸烟者提供了将钱存入储蓄账户 6 个月的机会。在那之后，如果项目组通过尿检发现他们吸烟，他们的积蓄将被没收，并捐给慈善机构。大约十分之一的吸烟者报名参加了该项目，与没有参加该项目的对照组相比，他们在 6 个月后通过尿检测试的可能性高出了 3 个百分点。（他们也更有可能在通过尿检的一年后，再次通过突击尿检。）[29] 在一系列类似的研究中，经济学家约翰·贝希尔斯和他的同事发现，与承诺相同利率但不附带提前取款处罚的账户相比，有提前取款处罚的投资账户吸引了更多的存款。[30]〔这就是 401（k）计划和其他保证利率账户背后的逻辑，这些账户保证了一定的利率，但是如果你想在某个未来的指定日期之前取出你的钱，就会被罚钱。〕

着陆

这些承诺工具的共同主题：无论是旨在促进健康饮食、戒烟，还是养成良好的储蓄习惯，都有一个第三方机构实施惩罚，而且这些惩罚会自动发生。你可能会明白这一点为什么比较重要：如果你是那个自己给自己实施惩罚——或者建立了一个薄弱的惩罚系统——的人，那么你很容易用甜言蜜语说服自己，从而逃避因未能做到自己承诺的事而受到惩罚。

美国西北大学行为经济学家迪恩·卡兰和他的同事创建了一个名为 Stickk.com 的网站，让第三方充当惩罚执行者，这可能也是这个网站成功的原因。在网站上，你可以把这些惩罚策略付诸行动。比如，如果想每天步行 30 分钟，你可以去网站，设定一个每天步行 30 分钟的目标，同时你也要向网站提供你的信用卡信息。在一天结束的时候，如果你未能达到半小时的步行目标（根据你或者你的问责伙伴的报告），一个让你感觉足够痛苦的金额（你自己决定金额）将从你的信用卡中扣除，并捐赠给一个你不支持的政治竞选活动。

然而，并不是所有在 Stickk.com 上的承诺都必须与惩罚挂钩。你可以简单地承诺每天步行 30 分钟，也没有人威胁你一定要捐一笔钱给你不喜欢的政治活动。根据我在本章前面提到的工作，我推测这样做很可能比完全不做任何行动计划要好。但最有效的策略可能还是要增加惩罚。最近一项对近 2 万名 Stickk.com 用户的分析发现，虽然只有三分之一的用户选择了提供银行账户使罚款成为可能，但

那些提供了账户的人兑现承诺的可能性是其他用户的 4 倍以上。³¹

　　承诺工具策略有一种诱人的魅力。无论是通过引入简单的心理承诺，还是移除诱人的选择，抑或设定一个未来的惩罚，承诺工具都促使我们对未来的自己保持忠诚。对那些意识到自己容易屈服于诱惑的人来说，它们可能是最有效的。这很讽刺，但也是事实：在我们增强自我控制力之前，首先需要认识到自己的不足。

　　仅仅过了 3 个月后，詹姆斯·坎农就决定结束他对双硫仑片的实验。他觉得，他将不再需要用药物来保持清醒了。双硫仑片确实帮助他成功识别了一些会导致酗酒的诱因。然而，他结束实验的决定可能为时过早了，因为他最终复发了。治疗坎农的德卢卡博士指出，根据他自己服用双硫仑片的经历，人们通常在持续清醒一段时间后停止服用该药，但后来又不得不重新开始服药。

　　沿着这些思路，我之前讨论过的菲律宾银行研究的初步证据也表明，最有自知之明的消费者，即那些最清楚自己有可能屈服于诱惑的人，才是那些从锁定账户中获益最多的人。³² 在控制较好的实验室环境中进行的其他实验也得出了类似的结论。³³ 这些发现为"如果东西没有坏，就不要修理它"这句格言增添了微妙的含义：在尝试解决方案之前，我们必须先认识到某件事是有问题的。

　　换句话说，在着手限制自己未来的行动方案之前，我们必须首先认识到环境中存在诱惑我们的事物，然后识别出这些事物是什么。但是，正如坎农的经历所展示的，我们不能止步于初期胜利。承诺机制的初期胜利所带来的成功喜悦可能会迷惑我们，让我们误以为自己已经不再需要这些工具的帮助了。如果出现了这样的错觉，即我们正在考虑是否应该放弃某个承诺机制时，应该回顾并牢记过去的失败经验。

除了坚持到底，还有一种方法可以解决我们在时间旅行中遇到的麻烦，这种方法并不需要服用缓解宿醉的药物，也不需要烧掉百元大钞。在最后一章中，我将集中讨论我们当下要做出的牺牲，以及我们如何使牺牲变得更容易。

本章重点

○ 为了更好地确保你抵达自己想要的未来，考虑采用承诺工具策略，它将使你更难成为诱惑的牺牲品。

○ 最弱的承诺工具形式被称为"心理承诺"：制订一个行动计划并承诺坚持。尝试找一个负责任的伙伴——一个能确保你践行承诺的人。

○ 更强大的承诺工具可以帮助你从生活的环境中移除诱惑（例如 KSafe）。

○ 更极端的承诺工具在你偏离轨道时惩罚你。如果可能，让惩罚变成自动的，这样你就没有和自己讨价还价的余地了。

第九章
让当下的决策变得更轻松

米奇·赫德伯格是一位深受其他喜剧演员喜爱的喜剧大师。他在20世纪90年代和21世纪初期活跃在喜剧界,因其三言两语、简短有力的笑话,淡定自若的表演风格和从容不迫的台风而广受欢迎。他的这些特点使他在喜剧界独树一帜,成了一位备受尊敬的艺术家。赫德伯格通常戴着一副有色眼镜,头上戴着一顶软呢帽,穿着宽松的衣服,留着一抹稀疏的胡须,看起来确实有点像"瘾君子"。他的大部分表演都避免低俗内容,相反,他专注于对日常生活中的荒谬之处进行近乎超现实的观察和描述。比如他对刮胡子的看法:"每次我去刮胡子的时候,我都在想,在这个世界上一定还有其他人在刮胡子。于是我告诉自己:'那我也要去刮胡子。'"[1]

他说的一个关于垃圾食品的笑话一直萦绕在我的脑海里:"如果你能把健康食物和垃圾食物一起吃下去,当垃圾食物进入你的胃时，健康食物会掩护它，这岂不是很酷，就像你同时吃胡萝卜和洋葱圈，它们一起滑入你的胃里，胡萝卜会说：'别担心，我罩着它。'"[2]

赫德伯格于 2005 年去世，他的观点引起了许多努力保持健康饮食习惯的人的共鸣。毕竟，渴望额外的一勺冰激凌或是一块巧克力，又希望它们能够神奇地"不算数"，谁没有过这样的时刻呢？我们不也常常幻想胡萝卜能够抵消那些高热量的蛋糕吗？

这个笑话触及了人们的一种深刻愿望：我们希望让今天的牺牲和奋斗看起来不那么痛苦。毕竟，从你现在的角度来看，为未来的自己努力一般对当下这一刻的自己是不利的：现在的你为此做出了牺牲，而未来的你收获了（不确定的）利益。当然，这些时间上的拉锯战适用于许多问题，比如储蓄与消费、锻炼与懒散等等，而且在其他情景中也同样适用。

想想你与爱人或同事间的冲突，或者更确切地说，你们之间潜在的对抗和冲突。任何和我比较熟悉的人都可以告诉你，我本质上是一个习惯回避冲突的人。我知道当我回避冲突时，实际上是在回避一次可能发生的不愉快对话。在极端情况下，这还可能导致人际关系破裂。但是，虽然避免冲突可以让我（或你）逃避这种不适和恐惧的感觉，但从长远来看，它往往会让事情变得更糟。原本的小矛盾逐渐升级，情况变得更糟，最终导致本可以和平进行的对话变得紧张和激烈。

如果这还不够清晰明确，我再解释一下，牺牲意味着放弃当下的舒适感，以为将来建立更好的人际关系。这就像储蓄和锻炼一样,这种"不愉快"的行为是为了在以后的某个时刻得到更积极的正向回报。

格劳乔·马克斯有一句话完美地诠释了这种权衡取舍中的紧张关系:"我为什么要关心后代?他们为我做过什么吗?"

那么,对此我们能做些什么呢?在最后一章中,我不想关注我们遥远的未来或者不远的将来的自我,而是关注当下的自我,并讨论如何能让我们现在的"牺牲"在主观上感觉更容易一些。第一种策略,即"好坏兼收",它在斯坦福大学医学院里进行的一项激进实验中得到了最好的说明。

享受美好,承受残缺

20 世纪 70 年代,当戴维·施皮格尔还是一名斯坦福大学的年轻精神病学教授时,他被邀请共同领导一系列针对转移性乳腺癌女性的"支持性-表达性团体治疗"[①]。这个想法在当时是很新颖的:通常情况下,医生和患者之间的谈话是一对一的(偶尔会有家庭成员在场)。然而,施皮格尔和他的同事提出,让患有乳腺癌的女性群体定期聚会,相互交流并彼此支持,可以为治疗带来好处。

然而,其他医生——尤其是肿瘤学家——对这种聚会并不乐观。施皮格尔博士在访谈中告诉我,他们认为进行这样的实验简直

---

① 一种心理学治疗方法,目的是帮助癌症患者面对他们的问题,表达和管理与疾病有关的情绪,增加社会支持,改善症状。——编者注

是疯了。他们担心，如果让8个女人坐在一个房间里谈论她们患癌症的经历，看着彼此随着时间的推移病情逐渐加重（最终死亡），只会让她们情绪低落。似乎这种聚会是在以某种方式向患者们介绍死亡的概念，可是"难道她们没有想过这些吗？"，施皮格尔回应说。

虽然面临这些批评，他最后还是坚持了下来，那些最终参与了这种治疗方式的女性也因此有所收获。是的，她们经常面临重要且具有挑战性的情境，特别是在目睹小组其他成员逐渐离开人世后。但她们也学会了如何应对或大或小的压力。施皮格尔指出，团体治疗并没有使癌症的负面影响消失，相反，患者只是变得更善于面对这些消极的经历和心灵创伤。正如其中一位女士所说："团体治疗有点像恐高的你看着美国大峡谷。你知道如果你摔下去肯定会粉身碎骨，但至少你自我感觉会更好，因为你至少可以面对它。我不能说我能感到平静，但至少我可以面对它。"

和这位患者一样，施皮格尔治疗过的许多女性也选择直面负面情绪。例如，在他的一项研究中，施皮格尔和他的同事以每分钟为单位分析了团体治疗时人们的情绪和言语。当坏消息出现时——这是不可避免的——讨论的语气就会改变。讨论的语气虽然变得更为严肃，但也不至于令人泄气。在表达消极情绪的同时，人们也能得到他人的积极支持。在施皮格尔的治疗中，女性能够更充分地处理治疗过程中的信息，否则这些信息很可能会被忽视或撇在一边，进而产生无法解决的焦虑。

学会如何面对和处理坏消息，会带来更好的结果。施皮格尔和他的同事发现,随着时间的推移,女性患者的表达能力越强,她们就越不容易焦虑和抑郁,[3] 那些接受团体治疗的人寿命也更长。例如,在一项早期研究中,与没有参加团体治疗的女性相比,参加团体治疗的女性的寿命大约延长了 18 个月。[4] 后续的研究表明,这种治疗方法带来的延长寿命的效果可能是非常显著的。[5] 不过,人们最近回顾相关研究时发现,接受过这种治疗的女性——尤其是那些社交较少的老年患者——不仅活得更长,而且活得更好:这些女性普遍报告说,她们的焦虑和抑郁变得更少了,生活质量也更高了。[6]

这里有几种机制在同时起作用,但其中最有可能的一种是看问题视角的转变。也就是说,女性患者开始意识到她们可以用积极的方式去体验消极事件,反之亦然。例如,施皮格尔的一个患者是歌剧迷,在被诊断出患有乳腺癌后,她便不再去她心爱的圣达菲歌剧院了。癌细胞在身体里肆虐时,她怎么还能参加像歌剧这样美丽、祥和、欢快的活动呢?她想等到她身体好转了再说。然而,在与她的团队治疗伙伴进行支持性–表达性沟通讨论之后,她意识到那个时刻可能永远不会到来。她向施皮格尔说道,她最终决定去看歌剧:"我带着我的癌症,把它放在我旁边的座位上。虽然它坐在那里,但我度过了一段美好的时光。"[7]

"好坏兼收":在不适中寻找快乐的体验

施皮格尔说,这位女士和其他参加团体治疗的人都意识到,

"快乐和悲伤不是同一个维度的两极",[8] 而是可以和平共处的。田纳西大学的心理学家杰夫·拉森用他职业生涯中的大部分时间来研究这些复杂情绪。[9] 比如在《人能同时感到快乐和悲伤吗?》《混合情绪的论证》《混合情绪的进一步证据》等论文中,拉森使用了前沿技术来证明我们可以同时体验不同的情绪,无论是快乐和悲伤、愤怒和骄傲,还是兴奋和恐惧。

为什么体验冲突性情绪的能力很重要?从实际应用的角度来看,这些发现的重要性来自背后更深刻的原因。

对拉森和他的同事来说,能够在体验消极情绪的同时体验积极情绪,可能会带来某种好处,就像施皮格尔治疗小组中的女性患者所经历的一样,这种好处是你无法从单一情感体验中获得的。

这个概念看起来很简单,但其影响是极为深远的。让我们花一分钟回想一下,你最近一次与压力或障碍搏斗的场景。它可能是一件小事,比如在工作日的晚上,你不想做一顿健康的晚餐,与此同时,你可以很轻易地叫外卖(尽管你也知道,如果你选择自己做健康晚餐,之后你会感觉更好)。它也可能是更为严峻的挑战,比如面对失业的痛苦,以及随之而来的一系列复杂的离职手续。

我们面对这些压力源时,一种选择是沉溺于消极情绪中,对我们能控制和不能控制的事情不断自责。我们也可以像鸵鸟一样,把头埋在沙土里,试图逃避一切不愉快的感觉。然而,还有第三种回应方式,就是那位歌剧迷所采用的:尽最大努力在不适中寻找快乐的体验。那么,这样做能改善我们未来的生活吗?

几年前，我和我的同事乔恩·阿德勒对这一理念进行了验证测试。阿德勒是奥林学院的临床心理学教授，他之前研究人们的心理治疗经历。在为期3个月的时间里，他追踪记录了门诊患者参加每周治疗的情况。在每个疗程结束后，患者都在简短的日志中记录了他们的想法和感受。患者每周还会上报他们的心理健康状况。

阿德勒的实验提供了一个绝佳的机会，去探索"好坏兼收"策略是否有用。也许在消极的经历中加入一点希望或快乐，从长远来看将会带来更好的结果。

为了找到答案，我们请研究助理对日志条目进行编码分类。有些条目就像一个单音的音符，表现出诸如悲伤、恐惧或者快乐等单一情绪。然而，助理发现其他条目则充满了复杂的情绪。比如这个条目，它就同时包含了快乐和悲伤的情绪：

这几周真的很难熬。妻子和我刚刚庆祝了她怀孕9周时产检合格的好消息（去年1月她流产过一次）。然而，我也感受到了为自己和妻子寻找工作，以及妻子的祖母去世给我们带来的悲伤。我不禁问自己："我还要承受什么？"事实上，我也保持着自信和快乐。这并不是说我没有沮丧的时候，但我对自己的婚姻生活感到满意和快乐。[10]

经过3个月的治疗，人们的心理健康状况，即他们的心理福祉最终会有所改善。这一结果与几十年的心理治疗研究的成果是一致的。

但复杂的情感也很重要：那些在两次治疗之间经历更多快乐与悲伤交融的患者，也正是那些在心理福祉上改善最显著的人。即使我们剔除了单一体验快乐或悲伤带来的影响，这个结论也依然成立。换句话说，真正起作用的是积极与消极情绪的结合，而不是某种单一情绪。这表明，追求福祉不仅是追求快乐，更多的是学会如何在艰难困苦的时刻寻找到快乐的微光。

更令人惊讶的是，复杂情绪对心理福祉的影响并不会立即显现。在原本会引起焦虑的事件中撒上一点快乐、幸福或希望的调料，并不能神奇地消除消极情绪。实际上，在某次治疗对话中体验到复杂情绪，与随后一周心理福祉改善有着密切的联系。换句话说，"好坏兼收"的真正好处可能不是瞬间的，而是随着时间的推移逐渐显现出来的。[11]

其他研究也强调了"好坏兼收"心理策略的好处。例如，如果那些丧偶的成年人在谈论已故的配偶时表现出积极的情绪，那么随着时间的推移，他们的悲伤程度会有所降低。[12] 同样，在经历悲伤情感的同时重温愉快的记忆，能够帮助人们经历一个更健康的哀悼过程。[13] 最后，人们在面对相互冲突的目标（比如，既想要吃得更健康，又想在公司的茶水间多吃一个甜甜圈）时所体会的复杂混合情绪，与人们试图抵制诱惑时付出更多努力有关。这对我们更大的意义在于，通过在消极情绪中加入积极情绪，我们可以更容易地应对生活中的压力源，并度过当前的困难时期，走向美好的未来。[14]

从实操角度上说，当我们在努力克服当前的痛苦时，如果能将这种努力与一些让我们微笑的事情结合起来，我们可能会获得更好的效果。这也就是所谓的"奖励挂钩储蓄账户"受欢迎的原因。这个主意是通过把存钱的行为与一些更有趣的事情结合起来，比如有机会赢得类似彩票的奖金，以鼓励人们存下更多的钱（痛苦地做出牺牲）。[15]

这也是宾夕法尼亚大学沃顿商学院的行为经济学家凯蒂·米尔克曼在处理自己生活中遇到的障碍时得到的启示。在攻读博士学位时，她面临两个独立的难题：一个是激励自己去健身房健身，另一个是在一门极具挑战性的计算机科学课上保持优异成绩。然而，她在休闲放松上却毫无困难。她喜欢在晚上阅读引人入胜的小说，比如《哈利·波特》系列小说或詹姆斯·帕特森的最新惊悚小说。[16] 虽然我们通常认为对快乐的追求是具有挑战性工作目标的敌人（想想如果没有网飞，我们的工作效率得有多高），但米尔克曼想知道是否有一种方法可以把快乐变成目标的盟友。她对一个好故事的渴望可以提升她的工作效率吗？

诱惑捆绑

我的朋友兼同事米尔克曼是一位极具创造力的科学家。我怀疑，她的一些创造力源于一种迫切的需求：她总是不断尝试设计解决自己（和其他人）生活难题的方法。有一次，我们双方时间都很紧迫却又需要见面，她建议我们在两个会面之间的 10 分钟内安排一次通话。她指出这样我们就不会浪费时间，可以直奔主题。凭借这种机智，她应对着自己懒于锻炼这件事。她想，如果她只能在健身房锻炼的时候才可以继续读惊悚小说的下一章，会怎么样呢？或者，如果她在做足疗的时候处理一些课程作业，又会如何呢？

这个策略——米尔克曼称之为"诱惑捆绑"——帮助她更有效地完成了生活中那些充满挑战和压力的事情。她的研究发现，这对其他人也是有效的。例如，在一项研究中，米尔克曼和她的同事与宾夕法尼亚大学校园内的健身房合作。他们鼓励学生们在秋季学期开始时进行锻炼。一组学生仅被简单地鼓励去锻炼。另一组学生则被建议尝试将锻炼与一些更有吸引力的事情结合起来，也就是阅读研究人员预先加载到学生个人 iPod（苹果的便携式媒体播放器）上的精彩有声书。但对第三组测试学生来说，情况更为特殊：学生们只能在他们去健身房锻炼的时候，才能听到他们选择的有声书（有声书被储存在只能在健身房使用的 iPod 上）的下一章节内容。

在研究的前几周，相比那些被简单鼓励锻炼的学生，采用更极端的诱惑捆绑形式的学生锻炼频率增加了 51%。而采用中等程度的诱惑捆绑形式——鼓励学生在锻炼的同时听有声书——的学生锻炼频率也增加了 29%。[17]

在另一项在 24 小时健身连锁店进行的实验中，米尔克曼和她的同事发现，在为期四周的干预过程中，以及之后的大约 4 个月里，当健身会员能获得一本免费的有声书，并被鼓励将这一诱惑与健身捆绑起来时，他们去健身房的可能性增加了。[18]

当我和米尔克曼谈到这项研究时，她强调说，诱惑捆绑的一部分好处在于，你可以不断改变诱人的奖励——可以一直是一本书，也可以每隔几周更换一本新书。重要的是你能从中找到乐趣。

这种策略的潜力远远超出了健身房的应用场景。加利福尼亚大学洛杉矶分校的营销学教授阿利·利伯曼最近研究了另一种与此相关的行为：刷牙。正如利伯曼指出，我们大多数人刷牙的时间几乎没有达到规定的刷牙时间。我必须得说，虽然她也探讨了其他话题，但作为一个曾在公共卫生领域工作的人，她对刷牙的时长这件事格外关注。牙医建议的刷牙时长是两分钟左右（一天两次——这是显而易见的）。当然，如果你在看节目、刷社交软件或漫不经心地吃薯片时，两分钟可能看起来并不长。但是如果你是站在浴室里刷牙呢？这可是极为漫长的两分钟啊。

为了应对这一难题，利伯曼提出了一个称之为"离题沉浸"的心理策略。如果我们需要做一些乏味但重要的事情，比如刷牙、洗手，甚至是散步，那么我们最好同时做一些其他事情，这些事情会吸引我们一些（但不是全部）注意力。事实上，在利伯曼和她的同事进行的一项研究中，那些在刷牙的同时观看了一个关于熊和狼的沉浸式纪录片片段的研究参与者的刷牙时间，比那些观看不太吸引人的自然风光片段的研究参与者长了约30%。[19]

这里的差距，以及这种"离题沉浸"策略超越我之前提到的"诱惑捆绑"策略的地方在于，吸引人的任务只需要比无聊的任务稍微有趣一点。如果太过了，例如试图把单调乏味的活动与更复杂的事情结合起来，比如在手机上玩一个具有挑战性的文字游戏，你反而可能会比预期更快地放弃你原本的任务。还有一个关键的区别："诱惑捆绑"帮助你开始一种行为（比如去健身房），"离题沉浸"则让你在一项任务上坚持更长时间。

这一策略同样适用于我们的职业场景。正如利伯曼所建议的，如果一家公司希望鼓励员工认真洗手，可以在浴室的镜子上展示每日的新闻报道，以供他们阅读。[20] 如果你需要做一项烦琐乏味的工作，可以在听有声书、播客，甚至是最喜欢的歌手新专辑的时候一并完成。

因此，从刷牙到纳税填表，再到吸尘扫地，"好坏兼收"策略是非常有用的。但在这里我也要明确一点：如果我们的生活总是在试图"一举两得"，即通过单一的行动或决策同时达成多个目标，这样的生活方式就可能会阻碍我们全身心地享受或投入某些活动。我们不需要总是将令人愉快的活动与不那么令人愉快的活动结合到一起，有时候，我们应该"只"读一本吸引人的书，或者追一部值得沉迷的电视剧，或者去聚会。这种"好坏兼收"策略有时可能被过度使用，比如一家麦当劳最近上了头条，在一张照片中，一名顾客正一边吃着巨无霸，一边在餐厅里骑着健身自行车。[21] 我不认为这是米奇·赫德伯格所说的"用健康饮食为垃圾食品打掩护"。偶尔将享受与我们必须做的事情结合起来，并在两者之间创造一个良好的平衡，可能最终会帮助我们成长为我们渴望成为的人。

然而，这并不是让当下的牺牲变得更容易的唯一路径。另一个解决方案的灵感出人意料地来自打字机行业。

化大为小

如果你在 1960 年 8 月 26 日阅读了《盐湖城沙漠新闻盐湖电报》，你会看到一篇介绍美国总统候选人约翰·F. 肯尼迪和理查德·尼克松各自优缺点的短文、一篇关于重返校园好处的社论，以及一幅关于炎炎夏日终于结束的漫画。在报纸的底部角落里，靠近其他广告的地方，你还会看到一则宣传当时最先进的奥林匹亚打字机的广告——准确地说，一款精致便携型的打字机。

在一张模糊的打字机图片下方，大号文字写着："一天只要几美分……它就是你的！" 60 多年过去了，我相信你们一定见过采用这种策略的其他营销活动。例如，芝加哥一家床垫公司宣称，每晚只需 10 美分，你就可以享受一生中最好的睡眠。早在 20 世纪 80 年代，杂志出版商就开始将它们的订阅费用从年度定价调整为按期定价。

这种广告策略看起来是不是有点……过于明显了？也许吧，但它在特定的环境中也确实取得了成功。那些 20 世纪 80 年代的杂志出版商，声称它们按次收费的广告比按年收费的广告效果要好 10%~40%。[22]

为什么会这样呢？当采用"每日仅需几美分"的宣传策略时，广告商实际上是将看起来较多的费用进行拆解，让价格看起来更低廉。然而，经济学家约翰·古维尔指出，在更深的层次上，这种策略会引导你思考其他类似、看似微不足道的开销。

一张1000美元的床垫？那可是一大笔钱啊！除了房租或抵押贷款，你可能很难想到其他可能属于类似的"大额"支出。但是如果你能用那张床垫7年，你每晚的花费大约就是40美分。这样的话术让人感觉便宜了很多，而且更容易想象每天只花40美分的感觉。（这样的价格水平首先会让我联想到一枚邮票……虽然我很少用到这东西，但这样让我更容易决定每天支付40美分来换取自己更好的睡眠！）

这种"化大为小"的策略是另一种让当下的牺牲变得更容易被接受的方式。我和我的同事史蒂夫·舒、什洛莫·贝纳茨，以及南加州一家名为橡果的金融科技公司正在实践这一理念。橡果公司主要开发了一款针对新手投资者的储蓄和投资应用。

在我们做这个项目的时候，每天都有几千人注册，并向这家公司投资。虽然有这么多人投资是个好消息，但如果他们愿意持续储蓄，那么他们的收益会更高。行为经济学家发现，实现持续储蓄目标的有效方法是让储蓄行为变得自动化。[23] 也就是说，让储蓄成为你无须思考或采取任何额外行动的事情。

但是如何做到呢？我们决定在邀请用户加入自动储蓄计划时使用点小技巧。我们问一组人是否愿意每月存150美元，而问第二组人是否愿意每周存35美元，问第三组人是否愿意每天存5美元。虽然这三种方法按月来看存款量大致相同，但每种方法带来的心理负担感受可能有所不同。

你可能会觉得，每天5美元看起来是一个更容易做出的牺牲：

我们可以很快想到我们愿意放弃的 5 美元开支。当我和其他人谈论这项研究时，许多人都把这笔钱联想到一个东西上：一杯星巴克的咖啡。事实上，如果按年计算，每天 5 美元（一年 1825 美元）存下的钱比每月 150 美元（一年一共 1800 美元）或每周 35 美元（一年一共 1820 美元）存下的钱都要多。然而，如图 6 所示，当按日计算而不是按月（或按周）计算时，注册储蓄计划的用户是其他用户的 4 倍。[24]

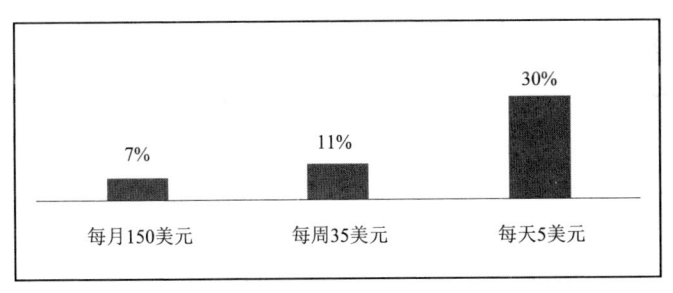

图 6　三种加入自动储蓄计划的方法的不同结果

这种每日计费方式不仅增加了注册人数，而且有助于解决所谓的"收入储蓄差距"问题。一般来说，不那么富有的人群通常因收入较少而很难做到增加储蓄。虽然这种趋势很明显，但我们还是发现，与按周或按月相比，当储蓄计划是按天来制定时，"收入储蓄差距"缩小了：低收入消费者和高收入消费者的注册率是相同的。

你很容易在身边找到这种策略的实际应用，无论是小额消费还是大额消费。[25] 虽然所谓的"先买后付"的支付方式已经存在多年了，但在疫情期间，随着越来越多的人开始在家中购物，这种"先买后付"的支付方式变得越来越受欢迎。在这种支付方式中，消费者可以分几期付款。不过，这里有一个危险：无论是一个新的钱包、厨房用具还是家庭音响系统，我们都可能被怂恿去购买那些我们其实负担不起的东西。事实上，在撰写本书时，几乎五分之四的美国消费者经常使用这种付款计划。一些经济学家认为，这最终可能会导致出现先买后付的消费泡沫。[26]

然而，"化大为小"不仅在购买消费品领域起作用，在其他领域同样发挥作用。例如，当涉及偿还债务时，人们更容易接受从偿还较小的债务开始。[27] 另外，要求人们每周花费 4 个小时无偿参与某个活动，或者要求他们每两周花费 8 个小时参与活动，比一次性要求人们每年花费 200 个小时参与活动更能获得成功。[28]

一般来说，将一个更大的目标分解成更小的部分可以让当前的挑战看起来更容易，即使具体表现上会有一些细微差别。研究员黄池书（音译）和她的同事发现：当你处于某个目标的起点时，将任务细分尤其有效。比如，如果把锻炼目标分解为每次燃烧 50 卡路里的小目标，你可能会更有动力爬楼，以实现总共燃烧 200 卡路里的目标。但是当你接近目标的终点时，最好要牢记那个更大的目标（换句话说，要保持对总体目标的思考，以及目前你距离燃烧全部 200 卡路里还有多远）。

综合考虑所有证据，你会发现将大事化小的好处远大于其成本。然而，我们也应该仔细考虑，随着时间变化，这种方法何时会让我们受益，何时又可能会让我们的生活变得更艰难。这里有两条简化决策的经验法则：第一，当你积累资源而不是花费资源时，使用"化大为小"策略（例如，当你为一次大型旅行储蓄时，你可以考虑分解储蓄的金额，但当你考虑购买一个全新的音响系统时，则需要考虑总成本）；第二，当你开始一项任务并接近完成时，你需要调整思路（例如，如果你计划跑 30 分钟，在开始时你只需要考虑每 5 分钟一个小目标，但当接近终点时，你要记住自己离完成 30 分钟的目标还有多近）。[29]

让我提供最后一个让现在感觉更轻松的策略：庆祝当下，完全跳过牺牲。

庆祝当下

几年前，卡尔·理查兹和他的家人搬到了新西兰。因为他们来自美国，而且离开了他们原来的朋友，理查兹和他的妻子发现他们很难离开孩子们，享受一些属于自己的时间。然而，随着在社区中和其他人建立了联系，他们开始感到自在，可以在没有孩子们跟随的情况下离开城镇。理查兹告诉我，他们开始计划一次旅行，具体来说是在位于新西兰东北海岸外一个美丽而偏远的地方——尼迪亚湾，他们准备进行一场海上皮划艇冒险。

然而，为期三天的冒险并不便宜。租皮划艇、吃饭、住小旅馆等，整个旅行的费用在 1000 美元以上。理查兹是一名注册理财规划师，他已经习惯了权衡此类财务决策的利弊，而这一次他觉得实在太贵了。此外，他还是"素描人"专栏的创立者：2010 年以来，这个每周一次的漫画专栏便在《纽约时报》上与读者见面。在专栏中，他将复杂的金融概念和难题，通过单幅漫画简化成易于理解的想法。

起初，海上皮划艇之旅似乎就是一个简单的数学问题。1000美元是一大笔钱。如果理查兹明智地投资这笔钱，平均回报率为7.5%，20年后他将拥有4461美元！他这时可以做出牺牲，比如选择一个更实惠的旅行，或者干脆不去。毕竟，仅仅为了三天的旅行就花这么多钱，这难道不是极其不负责任的行为吗？

你可能会认为，从表面上看，理查兹最初的想法与他未来的自己的愿望是一致的。通过储蓄而不是消费，他会在经济上为老年理查兹打下更稳固的基础。

然而，如果这不是恰当的举措呢？如果有些时候，我们自认为对未来的自己最有利的行为，最终却未必能真正改善未来的状况呢？

像理查兹一样，我们可能会跳过或推迟一些体验。如果你不承认，不妨想想你参观过多少本地的旅游景点。如果你住在芝加哥，想想你是否去过芝加哥艺术博物馆、菲尔德自然史博物馆和威利斯大厦。如果你住在纽约市，更有无数的例子，从帝国大厦到自由女神像，这些景点你都去过吗？很有可能，其中的大多数你最近都没有去过（如果不是全部都没去过）。事实上，正如我的同事苏珊娜·舒所发现的那样，在芝加哥和纽约旅游几周的游客，他们在逗留期间平均参观了将近6个景点。但是长期住在那里的居民呢？他们搬到那里的第一年通常只参观了3个景点。[30]

有时候，我们想要把这样的经历留到某个合适的时候。如果你只是去某个地方旅游，最合适的时机就是在现在，不然你什么时候有机会这么做呢？但如果你就住在当地，你可以在任何方便的时候参观当地的博物馆、纪念碑、建筑和历史遗迹。你似乎可以把它们存起来供未来的自己享用。但是，正如那个需要开始节食或清理阁楼的明天似乎永远不会到来一样，生活中一些令人愉快的事情很可能也总是被推迟，比如参观本地著名的博物馆，在一家高级餐厅预订座位，以及买一瓶好酒来庆祝一个特殊的日子或者取得的成就。

在长时间推迟体验的过程中，我们完全削弱了它们的真正价值。我最喜欢的一个模因很好地说明了这个想法。图片看起来像是威尼斯的贡多拉小船，船夫笑容满面，而他的两位年迈乘客则相互依偎，沉睡正酣。一位推特用户评论道："不要等到你这么老了才去环游世界。"[31]

如果你曾经在飞行里程积分到期之前急于用掉积分——仅仅为了用掉这些里程而进行一次不太理想的旅行——你也可能因为同样的行为而感到后悔。或者你正在等待一个完美的时机使用餐厅礼品卡，却发现那家餐馆早已经停业了。

这些例子可能看起来不太重要，但是，这种把事情推迟到明天的倾向——哪怕是出于最好的意图——也可能会导致更严重的后果。

为了说明这一点，让我向你介绍一个名为 FIRE 的社会运动，这个运动的成员致力于实现经济独立的生活，使自己能够在 20

多岁或 30 多岁就提前退休。为了实现这个看似不可能实现的目标，他们大幅削减开支，并进行大量的储蓄（多达收入的一半或更多）。

当然，有些人的确靠这种俭朴的生活方式过得很好。我需要指出的是，这个运动的一些原则是有道理的。显然，如果你想以后拥有更多的资源，那么弄清楚你现在可以削减哪些开支是一个明智的做法。

但有一些尝试过这样做的人也已经意识到，为了将来能够不工作而付出的巨大努力，可能会让他们现在付出自己不愿意付出的代价。利萨·哈里森就是一个例子，她参加这项运动两年了。她曾经喜欢"睡前看 HGTV[①]，周五出去吃比萨，以及每周日在我们最喜欢的市中心喝咖啡"。当然，做这些事情是需要花钱的，她意识到如果把它们从预算中去掉，她和丈夫为提前退休的确存了更多的钱，"但是，放弃这些东西是以我们每天的幸福快乐为代价的"。[32] 随着净资产的增加，她的幸福感却直线下降。这最终导致她退出了这个运动。

她在 FIRE 上的经历证明了过度憧憬明天是危险的。研究人员将这种行为称为"过度远见"，[33] 我们过于注重未来规划就会发生这种情况，而后我们可能会对自己的选择感到后悔。

我在本书花了大部分篇幅强调了解并与未来自我成为朋友的重要性。我突然提出有时我们应该避免自我牺牲……仅仅去追求

[①] 即 Home and Garden Television，美国热门付费电视频道，主要播放家居装修与房地产相关的真人秀节目。——编者注

当下的快乐似乎显得很奇怪。但我不这么认为：过多地为未来而活，可能会让当下和未来自我的生活都变得更糟。

利萨通过在家庭生活中引入更多平衡的思考来化解这种紧张关系。虽然她和她的丈夫放弃了那个提前退休的计划，但他们确实也保留了参与 FIRE 运动时的习惯。也就是说，他们在消费时会更审慎地考虑自己的价值观。例如，订阅电视服务、周五的比萨和外出喝咖啡等事宜又回归到生活里，但与此同时，他们也采用了更加深思熟虑的预算和财务决策方式。

因此，利萨已经从幸福感急剧下降的困境中走了出来。[34] 她采用了更加平衡的财务策略，帮助自己创造了"我们想要的生活选择……无论是针对现在还是未来"。

遗憾的是，没有任何一本指南能告诉我们如何找到现在与未来之间的理想平衡点。对利萨和她的家人有效的方法，对你来说可能并不适用。然而，思考一下何时放纵自己，或何时克制自己是有意义的；思考何时优先考虑我们的现在，或何时优先考虑我们的未来也是有意义的，这或许有助于我们长久地保持生活的平衡感。

最后，卡尔·理查兹和他的妻子还是决定花这笔钱去完成皮划艇之旅。划桨出海大约半小时后，他们漂到了一个满是海星、虹鱼和海胆的小海湾旁。他后来描述，他和妻子面面相觑，几乎不敢相信自己曾经犹豫过是否要进行这次旅行。

我们经常被提醒要为明天而储蓄。在某种程度上，这也是本书的核心理念之一。但正如理查兹指出的,这只是硬币的一面,"不要忘记另一面:也要为明天花钱,因为在遥远的未来,你所需要的不仅仅是金钱"。[35] 如果仅仅为了明天而活,我们可能会剥夺未来的自己的那些珍贵记忆、经历和亲朋好友的陪伴,而这些都是让生命充满价值和意义的要素。

当然,理查兹的见解并不仅适用于金钱支出。在过去的一年里,我投入在工作项目上的时间越来越多。和大多数人一样,疫情对我的工作效率造成了影响,我说服自己相信,我现在需要更加努力地工作以帮助我重回正轨,而这最终会为未来的自己带来好处。

不过,几个月前,我决定请一上午的假陪儿子去上学前班。虽然路途遥远,但我知道这将给我一个难得的与他单独相处的机会,而这种情景在之前不曾有过。离开家大约20分钟后,我们注意到似乎路上发生了一些骚动。两辆车减速并停了下来,一辆动物控制中心的卡车在他们附近来回转悠。开到近处时,我们立刻明白了原因:一只不知所措的小鸡正在街道上乱窜。我们住在洛杉矶,所以在那之前,我们在附近街区看到活家禽的次数是……零。我被逗乐了,儿子欣喜若狂,兴奋地高声尖叫着,说真的有一只"小鸡挡在路上了!"。在剩下的路程中,这是他唯一谈论的话题,也是我送他下车时他告诉老师的第一件事。6个月过去了,这只鸡的故事已经是我们家庭趣事的一部分,也一直是我儿子津津乐道地向陌生人和朋友们分享的故事。

如果那个早上我选择工作,我当然能在项目上取得更多的进展,但同时,我也会遗憾地错过很多显而易见的珍贵瞬间。

因此,让现在的付出变得更容易的最后一种方法是偶尔让步。选择跳过牺牲某些东西,去尽情享受那些虽然需要投入时间和金钱,却能同时带来另一种财富的体验,这不仅能让未来变得更美好,也能让当下的生活变得更美好。

本章重点

○ 当"现在的你"为了"未来的你"的利益必须做出牺牲时,紧张的关系就开始存在了。但你可以想办法使当下的牺牲变得更容易,从而改善未来。

○ 一种策略是"好坏兼收":在面对消极事件时体验积极的情绪可能会为自己提供某种缓冲,让你更好地了解大大小小的压力源。"诱惑捆绑"策略是指你把诱人的积极活动和感觉像是牺牲的活动结合起来,这样可能会很有效。而"离题沉浸"策略就是把乏味的任务和略微有趣的事情结合起来,可以帮助你保持专注。

○ 你也可以选择"化大为小"的策略,把当下要做出的牺牲分解成更小、更容易完成的部分。

○ 最后,我们还必须找到庆祝当下的方法。要意识到,如果只为明天而活,我们的未来可能会充满了使生活失去其价值的记忆和经历。

后记

在我研究和写这本书的过程中,世界经历了一系列灾难性的事件。这些事件像是来自一部糟糕的暑期大片:交战中的国家、不断变异的病毒、不断加剧的通货膨胀、社会政治动荡、气候灾难等。(唯一缺少的是一颗即将撞击地球的小行星。)对我们目前的处境感到一些——也许是很多——焦虑似乎是有道理的!事实上,世界卫生组织宣布,仅在 2020 年,重度抑郁症和焦虑症的病例就增加了 25% 以上。[1]

考虑到这些不确定性和意外突发事件,制订未来计划可能会显得毫无意义。例如,富达投资最近的一份报告显示,在 18 岁至 35 岁的成年人中,几乎有一半的人认为"在事情恢复正常之前"为未来储蓄没有意义。[2] 27 岁的脱口秀演员汉娜·琼斯这样表述她的看法:"我不会为了随时可能被夺走的未来,而牺牲自己现在生活的一些舒适要求……不,我不会为退休存钱。我现在就要消

费，趁我们的商品供应链还在正常运转。"³

这些社会观点反映了我们的集体厌倦。然而，在所有的阴霾和厄运中，我还是看到了希望的曙光。虽然我们永远不应完全停止对未来的规划，但暂停一下也可以让我们更多地思考什么对我们是真正重要的。比如，里程碑式的生日（每10年或5年的这种生日）通常会给我们的生活带来一些小小的喘息之机，让我们评估一下我们在过去的10年或5年里完成了什么（或还有什么没有完成），以及我们希望在下一个10年或5年里完成些什么。⁴ 同样，疫情造成的全球大停摆也可能促使我们中的许多人更加关注自己真正重视的东西。正如我的同事亚当·加林斯基和劳拉·克赖所言，这场病毒大流行引发了一种"普遍的中年危机"⁵，迫使我们重新考虑如何调配宝贵的时间和金钱。

尽管如此，目前的事态也并不意味着我们可以完全忽视遥远或非常遥远的未来。我们可能会被当前的挑战所困扰，但时间不会停止，未来仍会如期而至。毕竟，不确定性的肆虐让计划显得毫无意义也已经不是第一次了，就像人们在大萧条、古巴导弹危机或2008年金融危机等许多充满变数的历史时刻所经历的一样。当然，就像现在一样，在充满焦虑的时期，人们很难去想象未来的岁月。但如果在那些时刻，我们完全停止了对未来的规划，又会发生什么呢？

长期思考基金会（Long Now foundation）是一家致力于长期思考的非营利组织，其执行董事赞德·罗斯巧妙地总结了这些矛盾。"我们现在的许多问题，"他告诉我，"都是因为在过去缺乏长期思考。"当前的问题当然应该引起我们最多的注意，但如果我们只专注于眼前的问题，那么这些问题可能会在未来几年、几十年，甚至几个世纪里以更加有害的形式重现。

面对这些相互竞争性的需求——压力重重的当下与遥远的未来——我们应该如何分配我们的心理资源？这其实是一个很难回答的问题，它会引发一个更棘手的问题，因为当我们在当下必须考虑许多未来的计划时，我们要考虑的时间长度大于我们个人生命的时间长度。从本质上说，我们做出的选择要有利于那些在我们死后还能活很久的人们。

这个话题与环境的关系最为密切。随着全球气温上升、海平面上升，以及全球灾难性天气事件的增加，气候变化的影响已经显而易见。然而，许多更加严重的负面后果——其中一些已经开始显现——将深刻影响子孙后代。我必须补充的是，未来的世代，我们不仅不认识他们，甚至难以想象他们会是怎样的。我们很难想象未来的自己并与之联系起来，与我们未出生的后代联系起来就显得更难了。他们不仅是陌生人，他们甚至还没出生。

那么，我们该采取什么行动来改变充满危险的未来呢？考虑到心理上的种种挑战，我们是否应该就此放弃努力，继续燃烧更多的石油？我们甚至无法激励自己定期去健身房，想要改变现代经济似乎是一个令人望而生畏的目标。

但我并不准备放弃，我认为我们可以采取一些实际的措施，让我们能更容易为地球和我们的后代去采取行动，即使我们不会生活在未来的地球上，也不可能见到未来的人。我和我的同事最近的研究提供了一种初步的方法：为了增加人们为遥远的未来采取行动的可能性，人们必须关注历史。⁶ 例如，在社区中，如果我们更深刻地感受到自己的根在这里，更深刻地感受到自己是过去和未来的一部分，那么我们采用太阳能电池板的意愿会更大。关注一个国家悠久而丰富的历史，会使我们更容易展望未来，因此也更愿意投资于保护环境这样有利于千秋万代的事业。⁷

虽然这项研究目前处于初步阶段，但它提出了一个有趣的可能性：如果我们想要保护我们的曾孙免受全球气候变暖的威胁，与其单纯描绘更加生动的未来景象，不如去回想那些在我们之前的人，以及他们为我们所做出的牺牲。就像我们的一生是由一个又一个不同的自我组成的链条，从更大的范围上说，我们是数十万年前人类进化链条的一部分。那些早期的人类不认识我们，也不可能想象出今天世界的模样，但我们之所以存在，是因为他们能够以某种最原始的方式考虑未来。我们难道不应该以同样的方式思考未来，既为我们自己创造一个更加光明的明天，也要确保那些我们素未谋面的人能够继续享有繁荣的生活吗？

这些问题只是表面的，还有许多更深入细致的工作需要做。不过有一件事是明确的，无论我们是面对 15 年还是 150 年的时间跨度，无论我们是着眼于未来的自己还是未来子孙的福祉，无论我们面临的情况是顺利的还是充满挑战的，一旦开始理解、认识和爱护我们终将变成的那个人，我们就能够迈向更好的生活。

致谢

我非常感谢与我一起不懈努力从而使这个项目成为现实的团队。特蕾西·贝哈尔,当我考虑一个理想的编辑时,我就想要一个像你这样眼光敏锐的人,但没有想到我会如此欣赏和珍惜你的热情和慷慨。我也要感谢我睿智的经纪人雷夫·萨加林,感谢你从一开始就给予我指导和大力支持。我对卡琳娜·莱昂、塔利亚·克罗恩、朱丽安娜·霍巴切夫斯基、凯瑟琳·阿基、贝齐·乌里希、露西·金、帕特·戈德弗罗伊、特拉维斯·塔特曼和戴夫·努斯鲍姆表示感谢,感谢你们所做的一切,使更多人能够了解并改善他们未来的自我。

本书也是多年来在一些真正出色的导师的支持下进行的研究和思考的成果。劳拉·卡斯滕森,谢谢你给了我思考宏大主题的自由,并总是促使我考虑哪些是我们可能在工作中解决的大问题。布赖恩·克努森,我很感激你让我成为一个更细心的研究者和思想者。玛莎·申顿，我很感激你教导我要在严谨的学术生活和丰富的个人生活之间找到平衡。基思·马多克斯，谢谢你激发了我对社会心理学的兴趣。亚当·加林斯基，谢谢你让我了解到研究过程是多么有趣。

在写作过程中，许多朋友和同事读了我早期的草稿，帮助我更清楚地表达了想法。感谢亚当·奥尔特、尤金·卡鲁索、J.D.洛佩斯、萨姆·马利奥和卡特勒恩·福斯，感谢你们批判性的眼光、开放的聆听和那些实用的建议。我真不敢相信自己有这么好的运气，能认识你们每一个人，并与你们每一个人共度了一段时光。感谢乔纳·莱勒，你的编辑能力让我直白的表述变得更加细腻和有感染力。

我很幸运有一群加利福尼亚大学洛杉矶分校的同事，我可以真心地把他们都称为亲密的朋友。克雷格·福克斯、诺厄·戈尔茨坦、凯西·莫吉娜·霍姆斯、阿利·利伯曼、苏珊娜·舒，以及市场营销和业务发展管理部门的其他同事，包括富兰克林·沙迪、桑贾伊·苏德、斯蒂芬·斯皮勒，你们让每天的工作变得充满意义和乐趣无穷。我在纽约大学度过了学术生涯的头几年，很幸运地遇到一群同样热爱这份事业的同事，感谢吉塔·梅农、汤姆·维耶斯、普里亚·拉古比尔、雅各布·特罗佩亚和鲁斯·维纳，他们帮助我在学术界站稳了脚跟。

如果没有这么多热心的同事，我从事的所有工作都不可能结出硕果，他们推动了我的思考，并使研究的过程比我想象的更加有趣。特别是与本书相关的工作，感谢珍妮弗·阿克、乔恩·阿德勒、丹·巴特尔斯、什洛莫·贝纳茨、戴比·博西昂、布赖恩·博林杰、克里斯·布赖恩、丹·戈尔茨坦、凯西·莫吉纳·霍姆斯、德里克·伊萨科维茨、休·凯贝尔、杰夫·拉森、萨姆·马利奥、乔·米克尔松斯、凯蒂·米尔克曼、罗兰·诺格伦、迈克·诺思、乔迪·奎德巴赫、阿贝·拉奇克、格雷格·萨门斯-拉金、阿努杰·沙阿、阿夫尼·沙阿、玛丽萨·谢里夫、比尔·夏普、史蒂夫·舒、阿比·萨斯曼、黛安娜·塔米尔、琼-路易斯·范格尔德、丹·沃尔特斯。还有亚当·维茨，谢谢你花了那么多宝贵的时间陪我。

我的博士生和博士后——斯蒂芙·塔利、亚当·格林伯格、凯特·克里斯滕森、艾丽西亚·约翰、乔伊·赖夫、戴维·齐默尔曼、马莱娜·德拉·芬特、泰勒·伯格斯特龙、波鲁兹·卡姆巴塔、梅甘·韦伯、伊拉娜·布罗迪和埃坦·鲁德——感谢你们一直帮助我走在科学的前沿，让我的研究团队更像一个真正的家庭。

我从专门的研究助理团队中受益匪浅，他们帮助我更正了很多细节。我非常感激我的"要有光"课程项目[①]中的学生：安莫尔·巴伊德、佐耶·柯伦、塞莉娅·格利森、奥德丽·戈曼、黑利·卡什梅尔、伊丽莎白·奥布莱恩和汉娜·周，感谢他们花费了大量时间与我合作。除了不胜枚举的细节，我还很有幸能够与许多同事、朋友和素未谋面却有着很多有趣故事的人交谈。感谢

[①] 加利福尼亚大学的校训为 Fiat Lux，原文为拉丁语，可译为"要有光"（Let There Be Light）。这个课程每年会组织约 200 场研讨会。——编者注

伊夫－马丽·布劳因－休顿、塞萨尔·克鲁兹、罗迪卡·达米安、亚历山大·德卢卡、乌特帕尔·多利基亚、迈克尔·杜卡基斯、利兹·邓恩、埃里克·埃斯金、亚历克斯·杰尼夫斯基、丹·吉尔伯特、戴夫·克里彭多夫、乔治·勒文施泰因、梅根·迈耶、B. J. 米勒、萨拉·莫洛基、约翰·蒙泰罗索、蒂姆·米勒、安·纳波利塔诺、达芙娜·奥瑟曼、蒂姆·皮切尔、乔迪·奎德巴赫、布伦特·罗伯茨、迈克尔·施拉格、珍妮特·施瓦茨、玛丽萨·谢里夫、福西亚·西罗伊斯、德博拉·斯莫尔、尼娜·斯特罗明格、奥列格·伍明斯基和盖尔·佐伯曼，我非常感谢你们愿意回答我的问题，以及你们给我的宝贵见解。

撰写本书的过程——尤其在疫情期间——可想而知，我的状态是起起落落的。幸运的是，我有一个强大的朋友圈，他们一直在帮助我，其中一些人在整个过程中提供了宝贵的建议。感谢迈克·阿什顿、萨拉·阿什顿、迈克·钱皮恩、安妮·考克斯、丹尼·考克斯、布拉德·达卡克、丹尼尔·法拉杰、佩里·法拉杰、托里·弗拉姆、詹姆斯·迈尔斯和劳雷尔·迈尔斯，感谢你们一直以来的支持和建议，从封面字体到我应该使用的感叹号数量。感谢亚当·奥尔特和尼古拉斯·亨根·福克斯，感谢你们几乎每天都倾听我的想法，并为我提供了远远超出我自己能想到的深刻观点。

除了我的朋友和同事，没有家人的支持，我是不可能写出这本书的。感谢我的父母罗宾和塞斯·厄斯纳－赫什萨尔法：我总说我们家不需要另一个心理学家，但在这种情况下，模仿确实是最高形式的奉承。我无法向你们表达我对你们所做的一切的感激之情，从小时候向我灌输对学习的热爱，到现在帮助我照顾孩子。在很多方面，你们都代表了我未来的自己，这给了我很大的希望。感谢我的祖母蒂娜·厄斯纳，她在我开始这个项目的时候就已经 99 岁了：我认为自己是最幸运的人之一，因为我的生命中有您、您的智慧和您的温暖。

我也很幸运地拥有了第二个家庭，我的岳父母热情而体贴。感谢约翰·海尔、南希·海尔、惠特尼·阿布拉莫和约翰·阿布拉莫给我的生活增添了如此多的欢乐。

关于生孩子能否带来幸福感，学术界一直存在争论。许多数据表明，人们在孩子出生后的幸福感水平低于孩子出生前的水平。当我还有几个月就要当爸爸的时候，我遇到了一位很棒的同事雅各布·特罗佩亚，我告诉他，我很高兴将有第一个孩子了，但也很担心某些研究结果可能在我的生活中成为现实。他告诉我，别担心，一旦你有了孩子，幸福就不再是一种颜色，而是五颜六色的。他说得太对了。海斯和史密斯，你们每天都为我的生活增添了如此多的意义、欢笑和洞察力。海斯，无论是你诙谐的幽默感还是你对友谊的热爱，我都喜欢看着你成长。史密斯，你更喜欢妈妈而不是我，这一点我没有生气——谁不会更喜欢她呢？但我仍然珍惜我们在一起的时光。在未来的岁月里，无论你想去哪里，无论你何时想去，无论路上有没有鸡，我都会陪着你。当然，我不能忘记奥利弗，我们生命中最初的那个可爱"孩子"，它的吠叫经常打断我，但也阻挡了许多想象中的入侵者。

最后，感谢珍妮弗。当我们第一次见面时，我就看到了未来的自己——一个被一个巨大的问题包围着的老男人，那个问题就是：谁会是我生命中的伴侣？我很高兴我的答案是你，因为你的聪明才智，因为你帮助别人时的巨大热情，以及你渴望在世界上做正确的事情的愿望。我很幸运能和你一起共度时光。我感谢你所做的一切，让我们的家庭在现在和未来都会很富足。无论是阅读我写的每一个字，听我兴奋地谈论我的最新研究成果，还是尽到了远超你所应该承担的那一半的育儿责任，感谢你多年来给我无限的爱和支持。

注释

序言

1. T. Chiang, *The Merchant and the Alchemist's Gate* (Burton, MI: Subterranean Press, 2007).
2. M. E. Raichle, A. M. MacLeod, A. Z. Snyder, W. J. Powers, D. A. Gusnard, and G. L. Shulman, "A Default Mode of Brain Function," *Proceedings of the National Academy of Sciences of the United States of America* 98, no. 2 (2001): 676–682.
3. S. Johnson, "The Human Brain Is a Time Traveler," *New York Times*, November 15, 2018, https://www.nytimes.com/interactive/2018/11/15/magazine/tech-design-ai-prediction.html.
4. M. E. P. Seligman and J. Tierney, "We Aren't Built to Live in the Moment," *New York Times*, May 19, 2017, https://www.nytimes.com/2017/05/19/opinion/sunday/why-the-future-is-always-on-your-mind.html.
5. C. Yu, "A Simple Exercise for Coping with Pandemic Anxiety," *Rewire*, November 27, 2020, https://www.rewire.org/a-simple-exercise-for-coping-

with-pandemic-anxiety/?f bclid=IwAR3jRvJFN98AXg998P3UCI3mRaO583uhUSf7Pr-dXJENkD0n7ZUqXHiHzeI.

6. Anonymous, letter, May 5, 2017, FutureMe, https: //www.futureme.org/letters/public/9115689-a-letter-from-may-5th-2017? offset=0.

7. Anonymous, letter, September 11, 2016, FutureMe, https: //www.futureme.org/letters/public/8565331-a-letter-from-september-11th-2016? offset=7.

8. Anonymous, "Read me," October 24, 2009, FutureMe, https://www.futureme.org/letters/public/893193-read-me? offset=3.

9. 先前研究者们从未来自我的"可能身份"的视角来讨论这一概念，其中有些是正面的，有些是负面的。虽然在某些情况下，消极的未来自我也可以具有激励作用，但在本书中，我专注于我们希望成为的那些积极的、理想主义的、具有现实意义的未来自我。想要深入了解"可能的自我"，请参考以下研究者的研究成果：Daphna Oyserman and her colleagues, especially D. Oyserman and L. James, "Possible Identities," in *Handbook of Identity Theory and Research*, ed. S. Schwartz, K. Luyckx, and V. Vignoles (New York: Springer, 2011), 117–145; and D. Oyserman and E. Horowitz, "Future Self and Current Action: Inte-grated Review and Identity-Based Motivation Synthesis," *Advances in Motivation Science* (forthcoming), https://psyarxiv.com/24wvd/。

10. H. E. Hershfield, D. G. Goldstein, W. F. Sharpe, et al., "Increasing Saving Behavior Through Age-Progressed Render-ings of the Future Self," *Journal of Marketing Research* 48, special issue (2011): S23–S37.

11. J. D. Robalino, A. Fishbane, D. G. Goldstein, and H. E. Hershfield, "Saving for Retirement: A Real-World Test of Whether Seeing Photos of One's Future Self Encourages Contributions," *Behavioral Science and Policy* (forthcoming).

第一章

1. For details about Pedro ex-Matador's life, see "Case 127: Killer Petey," *Casefile*, February 4, 2021, accessed July 13, 2022, https://casefilepodcast.com/case-127-killer-petey/.

2. Plutarch, *Plutarch's Lives*, trans. B. Perrin (Cambridge, MA: Harvard University Press, 1926).

3. D. Hevesi, "Jerzy Bielecki Dies at 90; Fell in Love in a Nazi Camp," *New York Times*, October 11, 2011, https://www.nytimes.com/2011/10/24/world/europe/jerzy-bielecki-dies-at-90-fell-in-love-in-a-nazi-camp.html. 我最初发现这则逸事是在 R. I. Damian, M. Spen-gler, A. Sutu, and B. W. Roberts, "Sixteen Going on Sixty-Six: A Longitudinal Study of Personality Stability and Change Across 50 Years," *Journal of Personality and Social Psychology* 117, no. 3 (2019): 674–695。

4. A. de Botton, "Why You Will Marry the Wrong Person," *New York Times*, May 28, 2016, https://www.nytimes.com/2016/05/29/opinion/sunday/why-you-will-marry-the-wrong-person.html.

5. Damian et al., "Sixteen Going on Sixty-Six."

6. 责任感和情绪稳定性的提升，并非简单地在人们步入婚姻或为人父母后自然发生的。事实上，它们的提升似乎是一个随着时间推移而逐渐成熟的过程。那些在年轻时曾坐过牢的人，在服刑后所显示出的成长轨迹，与那些未曾被监禁的同龄人呈现出相似的进步水平。J. Morizot and M. Le Blanc, "Continuity and Change in Personality Traits from Adolescence to Midlife: A 25-Year Longi-tudinal Study Comparing Representative and Adjudicated Men," *Journal of Personality* 71 no. 5 (2003): 705–755.

7. 在探讨个体身份随时间变化而出现的同一性问题时，哲学家习惯于区分"定性身份"与"定量身份"这两个概念。所谓定性身份，指的是两个事物具有完全相同的属性，而定量身份则是指两个事物实际上是同一个实体。举个例子，假设我们一同在餐厅用餐，我们都点了意大利辣香肠和蘑菇口味的比萨，这两份比萨在定性身份上是一致的——它们包含了相同的配料。然而，它们在定量身份上却不同——我们面前有两份不同的比萨！如果你吃掉了你的那一份，它并不会影响到我这一份。对人的身份而言，当探讨"同一性"或"身份"时，我们实际上关注的是定性身份，我们也意识到一个人的过去自我和未来自我在定量身份上并不相同。

8. E. Olson, *The Human Animal: Personal Identity Without Psychology* (Oxford: Oxford University Press, 1997); B. A. Williams, "Personal Identity and Individuation," *Proceedings of the Aristotelian Society* 57 (1956): 229–252.

9. 关于身份哲学的易于理解且简要的概述，请关注以下学者的研究：E. T. Olson, "Personal Identity," in *The Stanford Encyclopedia of Philosophy*, ed. Edward N. Zalta (Stanford University, summer 2022), https://plato.stanford.edu/archives /sum2022/entries/identity-personal/; and "Personal Identity: Crash Course Philosophy #19," CrashCourse, June 27, 2016, YouTube video, 8: 32, accessed July 13, 2022, https: //www.youtube.com/watch?v=trqDnLNRuSc。

10. Williams, "Personal Identity."

11. P. F. Snowdon, *Persons, Animals, Ourselves* (Oxford: Oxford University Press, 2014).

12. J. Locke, *An Essay Concerning Human Understanding* (Philadelphia: Kay & Troutman, 1847).

13. S. Blok, G. Newman, J. Behr, and L. J. Rips, "Inferences About Personal Identity," in *Proceedings of the Annual Meeting of the Cognitive Science Society*, vol. 23 (Mahwah, NJ: Erlbaum, 2001), 80–85. 在这篇论文的第二项实验中，布洛克及其团队对实验设置进行了调整。研究参与者继续阅读关于需要进行大脑移植的会计师吉姆的故事，但在这一故事变体中，一组参与者了解到吉姆的大脑内容被转移到了一台计算机上，随后这台计算机

被嵌入一个机器人体内，另一组参与者则读到吉姆的大脑直接被移植到了机器人体内（这与我之前提到的第一项研究相似）。在这两种情况下，吉姆的记忆要么得以保留，要么被删除。关键在于，只有当机器人拥有物理形态的大脑和记忆时，人们才会认为它仍然是吉姆。如果仅仅通过计算机将记忆转移到机器人体内，物理大脑没有参与，那么参与者倾向于认为机器人不可以被视为吉姆。因此，从普通人的视角来看，一种结合了身体理论和记忆理论的观点似乎占据了上风。这种观点认为，重要的不仅是记忆本身，还有承载这些记忆的大脑实体。

14. N. Strohminger and S. Nichols, "Neurodegeneration and Identity," *Psychological Science* 26, no. 9 (2015): 1469-1479.

15. 这一发现并不能单纯归因于不同疾病的严重性不同。实际上，这三种疾病类型在日常生活中的表现是相近的。

16. L. Heiphetz, N. Strohminger, S. A. Gelman, and L. L. Young, "Who Am I? The Role of Moral Beliefs in Children's and Adults' Understanding of Identity," *Journal of Experimental Social Psychology* 78 (September 2018): 210-219.

第二章

1. J. H. Ólafsson, B. Sigurgeirsson, and R. Pálsdóttir, "Psoriasis Treatment: Bathing in a Thermal Lagoon Combined with UVB, Versus UVB Treatment Only," *Acta Derm Venereol (Stockh)* 76 (1996): 228-230; S. Grether-Beck, K. Mühlberg, H. Brenden, et al., "Bioactive Molecules from the Blue Lagoon: In Vitro and In Vivo Assessment of Silica Mud and Microalgae Extracts for Their Effects on Skin Barrier Function and Prevention of Skin Ageing," *Experimental Dermatology* 17, no. 9 (2008): 771-779.

2. 若要全面了解吸血鬼相关问题和更为普遍的所谓转变性经历的概念，请参考以下研究：L. A. Paul, *Transformative Experience* (Oxford: Oxford University Press, 2014)。

3. W. Damon and D. Hart, "The Development of Self-Understanding from Infancy Through Adolescence," *Child Development* 53, no. 4 (1982): 841–864.
4. D. Hume, *A Treatise of Human Nature*, ed. D. F. Norton and M. J. Norton (Oxford: Oxford University Press, 2007).
5. 有关帕菲特生平请参见：L. Mac-Farquhar, "How to Be Good," *The New Yorker*, September 5, 2011, https://www.newyorker.com/magazine/2011/09/05/how-to-be-good。
6. D. Parfit, *Reasons and Persons* (Oxford: Oxford University Press, 1984).
7. D. Parfit, "Personal Identity," *Philosophical Review* 80, no. 1 (1971): 3–27.
8. B. Wallace-Wells, "An Uncertain New Phase in the Pandemic, in Which Cases Surge but Deaths Do Not," *The New Yorker*, July 31, 2021, https://www.newyorker.com/news/annals-of-inquiry/an-uncertain-new-phase-of-the-pandemic-in-which-cases-surge-but-deaths-do-not. 疫苗接种数据来自 https://data.cdc.gov/Vacci nations/ Archive-COVID-19-Vaccination-and-Case-Trends-by-Ag/gxj9-t96f/data。
9. T. Lorenz, "To Fight Vaccine Lies, Authorities Recruit an 'Influencer Army,'" *New York Times*, August 1, 2021, https://www.nytimes.com/2021/08/01/technology/vaccine-lies-inf luencer-army.html? action=click&module=Spotli ght&pgtype=Homepage.
10. Parfit, *Reasons and Persons*, 319–320.
11. *Seinfeld*, season 5, episode 7, "The Glasses," written by T. Gammill and M. Pross, produced by J. Seinfeld, P. Melmanand, M. Gross, and S. Greenberg, directed by T. Cherones, aired September 30, 1993, on NBC.
12. E. Pronin and L. Ross, "Temporal Differences in Trait Self-Ascription: When the Self Is Seen as an Other," *Journal of Personality and Social Psychology* 90, no. 2 (2006): 197–209. 我之前介绍的原始研究中，其实还包括了三个

额外的场景：参与者被要求想象一顿来自非常久远的过去（比如他们的童年时期）、昨天和明天的餐食。对昨天和明天的想象，参与者压倒性地倾向于采用第一人称视角。然而，与遥远未来情境相似，面对遥远的过去，参与者更有可能采用第三人称视角。我还要谨慎地指出，该研究的样本规模较小（每个场景大约有 20 名参与者）。尽管如此，本文中还有 6 项其他研究作为补充，它们提供了一致的证据支持这个观点：人们倾向于将未来的自我视为"他人"，而这些研究大多数基于更大的样本量。

13. E. Pronin, C. Y. Olivola, and K. A. Kennedy, "Doing unto Future Selves as You Would Do unto Others: Psychological Distance and Decision Making," *Personality and Social Psychology Bulletin* 34, no. 2 (2008): 224-236.

14. 其他研究同样间接地表明，人们倾向于将未来的自己看作另一个人。在描述一个人时，我们可以选择使用一些泛化的标签（如女性、非洲裔等），或是更具体和明确的描述（如通用汽车的女执行官、站在"黑人的命也是命"运动前线的非洲裔活动家）。我们倾向于在讨论未来的自己时使用更泛化的标签，这与我们在讨论他人时的行为模式相似。然而，我们在谈论现在的自己时，则倾向于采用更具体的方式来描述。C. J. Wakslak, S. Nussbaum, N. Liberman, and Y. Trope, "Representations of the Self in the Near and Distant Future," *Journal of Personality and Social Psychology* 95, no.. 4 (2008): 757-773.

15. W. M. Kelley,C. N. Macrae, C. L. Wyland, S. Caglar, S. Inati, and T. F. Heatherton, "Finding the Self? An Event-Related fMRI Study," *Journal of Cognitive Neuroscience* 14, no. 5 (2002): 785-794.

16. H. Ersner-Hershfield, G. E. Wimmer, and B. Knutson, "Saving for the Future Self: Neural Measures of Future Self-Continuity Predict Temporal Discounting," *Social Cognitive and Affective Neuroscience* 4, no. 1 (2009): 85-92.

17. 例子可参见：K. M. Lempert, M. E. Speer, M. R. Delgado, and E. A. Phelps,

"Positive Autobiographical Memory Retrieval Reduces Temporal Discounting," *Social Cognitive and Affective Neuroscience* 12, no. 10 (2017): 1584–1593; and J. P. Mitchell, J. Schirmer, D. L. Ames, and D. T. Gilbert, "Medial Prefrontal Cortex Predicts Intertemporal Choice," *Journal of Cognitive Neuroscience* 23, no. 4 (2011): 857–866。

18. L. L. Carpenter, P. G. Janicak, S. T. Aaronson, et al., "Transcranial Magnetic Stimulation (TMS) for Major Depression: A Multisite, Naturalistic, Observational Study of Acute Treatment Outcomes in Clinical Practice," *Depression and Anxiety* 29, no. 7 (2012): 587–596.

19. A. Soutschek, C. C. Ruff, T. Strombach, T. Kalenscher, and P. N. Tobler, "Brain Stimulation Reveals Crucial Role of Overcoming Self-Centeredness in Self-Control," *Science Advances* 2, no. 10 (2016): e1600992.

20. S. Brietzke and M. L. Meyer, "Temporal Self-Compression: Behavioral and Neural Evidence That Past and Future Selves Are Compressed as They Move Away from the Present," *Proceedings of the National Academy of Sciences* 118, no. 49 (2021): e2101403118.

21. 萨拉·莫洛基和丹·巴特尔斯在对这种类比测试进行最直接的检验中，邀请参与者将一笔假想的资金分配给他人或未来的自己。在这些实验中，未来的自己是否真的被当作另一个人来对待？从很多重要的方面来看，答案是肯定的。需求、应得性、喜好和相似性这四个因素主导了资金的分配决策，无论是针对未来的自己还是针对他人的分配，这四个因素的影响力都出奇地相似。然而，参与者实际上普遍倾向于为未来的自己留出更多的资金，而不是分给他人。这表明，虽然我们可能将未来的自己视作"他人"，但这种"他人"显然具有特殊性，我们更倾向于帮助未来的自己。S. Molouki and D. M. Bartels, "Are Future Selves Treated Like Others? Comparing Determinants and Levels of Intrapersonal and Interpersonal Allocations," *Cognition* 196 (2020): 104150.

22. 哲学家珍妮弗·怀廷极有说服力地论证了这一观点。她观察到，我们常常为了至亲至爱之人牺牲，而同样的原则也适用于我们对未来自我的考量；如果我们的当下自我能够以对待朋友的方式去切身地关怀那个未来的自己，那么未来的自己所获得的益处便能弥补当下自我所承受的那些重担。J. Whiting, "Friends and Future Selves," *Philosophical Review* 95, no. 4 (1986): 547–580; quote, 560.

第三章

1. B. Franklin, *Mr. Franklin: A Selection from His Personal Letters*, ed. L. W. Labree and J. B. Whitfield Jr. (New Haven, CT: Yale University Press, 1956), 27–29.

2. B. M. Tausen, A. Csordas, and C. N. Macrae, "The Mental Landscape of Imagining Life Beyond the Current Life Span: Implications for Construal and Self-Continuity," *Innovation in Aging* 4, no. 3 (2020): 1–16.

3. 按照 1~7 分的评分标准看，1 分代表"我完全不喜欢未来的自己"，7 分代表"我非常喜欢未来的自己"，参与者给出的平均得分大约为 6 分。

4. UC Berkeley, "The Science of Love with Arthur Aron," February 12, 2015, YouTube video, 3: 17, https://www.youtube .com/watch? v=gVff7TjzF3A.

5. A. Aron, E. Melinat, E. N. Aron, R. D. Vallone, and R. J. Bator, "The Experimental Generation of Interpersonal Closeness: A Procedure and Some Preliminary Findings," *Personality and Social Psychology Bulletin* 23, no. 4 (1997): 363–377.

6. A. Aron, E. N. Aron, M. Tudor, and G. Nelson, "Close Relationships as Including Other in the Self," *Journal of Personality and Social Psychology* 60, no. 2 (1991): 241–253. 其他研究者在不同的情境下也讨论了"自我扩展"的概念，比如：H. L. Fried-man, "The Self-Expansive Level Form: A Conceptualization and Measurement of a Transpersonal Construct," *Journal of Transpersonal Psychology* 15, no. 1 (1983): 37–50。

7. A. Aron, E. N. Aron, and D. Smollan, "Inclusion of Other in the Self Scale and the Structure of Interpersonal Closeness," *Journal of Personality and Social Psychology* 63, no. 4 (1992): 596–612.

8. H. Ersner-Hershfield, M. T. Garton, K. Ballard, G. R. Samanez-Larkin, and B. Knutson, "Don't Stop Thinking About Tomorrow: Individual Differences in Future Self-Continuity Account for Saving," *Judgment and Decision Making* 4, no. 4 (2009): 280–286. 值得关注的是，早期的研究也探讨过人们对未来自我相似性的感知能力与其在实验中进行财务决策之间的联系，但研究结果最终并未发现二者之间存在相关性。在该篇论文中，研究者沙恩·弗雷德里克要求参与者在表格上评估，按照 0~100 评估他们与未来自我的相似度。与传统的财务决策不同，弗雷德里克并没有让参与者在当下较小金额与未来较大金额之间做出简单的选择，而是要求他们预测在未来 1~40 年的每个时间点上，需要获得多少资金才能让他们对明天收到 100 美元感到无所谓。对参与者而言，这种相似性评估或财务上的问卷调研可能过于抽象，导致研究者难以得出具有实际意义的结果。S. Frederick, "Time Preference and Personal Identity," in *Time and Decision*, ed. G. Loewenstein, D. Read, and R. Baumeister (New York: Russell Sage Press, 2003), 89–113. 同时，在我与同事进行这项研究时，丹·巴特尔斯也在独立地探索与未来自我的关联度和决策制定之间的联系。在一系列严谨的研究中，他让参与者评估当下自我与未来自我之间的关联程度。参与者认识到的关联度越强，他们在做出财务决策时就表现得越有耐心。D. M. Bartels and L. J. Rips, "Psychological Connectedness and Intertemporal Choice," *Journal of Experimental Psychology: General* 139, no. 1 (2010): 49–69.

9. D. Byrne, "Interpersonal Attraction and Attitude Similarity," *Journal of Abnormal and Social Psychology* 62, no. 3 (1961): 713–715.

10. 未来自我圈量表 (circles scale) 设定的时间跨度为大约 10 年，而财务决策的期限则从当晚到 6 个月之后不等。这两项任务所涉及的时间线差异可能看起来有些奇怪，但请注意，如果选择了一个时间跨度很短的未来自我圈量表，我们可能会观察到所谓的"天花板效应"，即所有参与者都会倾向于给出极高的评分。反之，如果选择了一个 10 年后才给予回报的财务决策任务，我们可能会遭遇"地板效应"，即所有参与者都会倾向于选择较小但更早的奖励。

11. B. Jones and H. Rachlin, "Social Discounting," *Psychological Science* 17, no. 4 (2006): 283–286.

12. 让我们用数字来具体说明：以千禧一代为例，如果你的年收入大约是 6 万美元，那么那些感觉与未来自我紧密相连的人，在财务幸福感上可能会有高达 10% 的提升。对年收入约 10 万美元的婴儿潮一代来说，与未来自我联系紧密的人在财务幸福感上可能会有大约 7% 的提升……这种影响同样适用于收入介于这两者之间的所有人。H. E. Hershfield, S. Kerbel, and D. Zimmerman, "Exploring the Distribution and Correlates of Future Self-Continuity in a Large, Nationally Representative Sample" (UCLA working paper, July 2022).

13. 即便考虑到不同人的个性特征，比如计划性和个人在日常生活中体现出对未来的考虑，我们的研究结果也非常有说服力。不过，这项具体研究并未涉及诸如外向性、神经质、经验开放性、宜人性和尽责性等维度的测量。值得关注的是，丹·巴特尔斯和奥列格·伍ды斯基的其他研究已经发现，即使在"大五人格特质"的影响下，与未来自我的连接紧密性和耐心行为之间的正向关系仍然得以保持。请参考以下研究：D. M. Bartels and O. Urminsky, "On Intertempo- ral Selfishness: How the Perceived Instability of Identity Underlies Impatient Consumption," *Journal of Consumer Research* 38, no. 1 (2011): 182–198。

14. J. P. Mitchell, C. N. Macrae, and M. R. Banaji, "Dissociable Medial Prefrontal Contributions to Judgments of Similar and Dissimilar Others," *Neuron* 50, no. 4 (2006): 655–663.

15. 需要注意的一点是，几乎所有的研究参与者都返回了实验室参与财务决策制定的任务。然而有两位参与者并未返回，而他们恰好是在思考当下自我与未来自我时，大脑活动差异最大的两位。H. Ersner-Hershfield, G. E. Wimmer, and B. Knutson, "Saving for the Future Self: Neural Measures of Future Self-Continuity Predict Temporal Discounting," *Social Cognitive and Affective Neuroscience* 4, no. 1 (2009): 85–92.

16. 关于未来自我关系与道德决策之间的联系，请参见：H. E. Hershfield, T. R. Cohen, and L. Thompson, "Short Horizons and Tempting Situations: Lack of Continuity to Our Future Selves Leads to Unethical Decision Making and Behavior," *Organizational Behavior and Human Decision Processes* 117, no. 2 (2012): 298–310。关于未来自我关系与运动和健康之间的联系，请参见：A. M. Rutchick, M. L. Slepian, M. O. Reyes, L. N. Pleskus, and H. E. Hershfield, "Future Self-Continuity Is Associated with Improved Health and Increases Exercise Behavior," *Journal of Experimental Psychology: Applied* 24, no. 1 (2018): 72–80。关于与高中平均成绩点数（GPA）的联系，请参见：R. M. Adelman, S. D. Herrmann, J. E. Bodford, et al., "Feeling Closer to the Future Self and Doing Better: Temporal Psychological Mechanisms Underlying Aca-demic Performance," *Journal of Personality* 85, no. 3 (2017): 398–408。关于与大学平均成绩点数的联系，请参见：M. T. Bixter, S. L. McMichael, C. J. Bunker, et al., "A Test of a Triadic Conceptualization of Future Self-Identification," *PLOS One* 15, no. 11 (2020): e0242504。

17. 多年来，众多研究者通过不同的方法来衡量和定义人们与未来自我之间的关系。比如，在我的研究中，我与学生、同事一起，主要关注未来自我的相似性感知，这是基于之前提到过的理由：当感到与他人有相似性时，我们更有可能喜欢他们（也很有可能代表他们采取行动）。我还考虑了一个相关的概念："连接度"，即人们对未来自我的联系感。相似性和连接度在理论上虽有区别，但在实践中，人们在预测与未来自我的关系和核心行为结果

（如储蓄行为）之间的联系时，它们却产生了类似的效果。最近，一些研究者尝试使用"未来自我认同"这一术语来更精确地定义与未来自我的关系，它包括了相似性和连接度、轻松生动地想象未来自我的能力，以及对未来自我的积极态度。研究者检验的具体成果是大学平均成绩点数，它与相似性和连接度呈正相关，但与想象未来自我的生动性和积极性无关（Bixter et al. "A Test of a Triadic Conceptualization"）。我与未来自我的相似性、对"他们"的积极感受，以及我能多清晰地想象那个未来自我，这些因素之间可能存在重要的联系。不过，在这里，我专注于相似性和连接度，因为这两个方面在未来自我关系中似乎是最常被测试的，并且最容易理解。这些不同领域及其相互作用的深入解释，请参阅相关文献：H. E. Hershfield, "Future Self-Continuity: How Conceptions of the Future Self Transform Intertemporal Choice," *Annals of the New York Academy of Sciences* 1235, no. 1 (2011): 30–43; and O. Urminsky, "The Role of Psy-chological Connectedness to the Future Self in Decisions over Time," *Current Directions in Psychological Science* 26, no. 1 (2017): 34–39。

18. 即便考虑到诸如 1995 年的生活满意度基础水平、常规的人口统计要素和社会经济地位等因素后，这些研究结果依然有强大的说服力。J. S. Reiff, H. E. Hershfield, and J. Quoidbach, "Identity over Time: Perceived Similarity Between Selves Predicts Well-Being 10 Years Later," *Social Psychological and Personality Science* 11, no. 2 (2020): 160–167. 对于这项研究易于理解的概述，以及它所引发的一系列发人深省的问题，请参见：J. Ducharme, "Self-Improvement Might Sound Healthy, but There's a Downside to Wanting to Change," *Time*, May 3, 2019, https://time.com/5581864/self-improvement-happiness/。

19. S. Molouki and D. M. Bartels, "Personal Change and the Continuity of the Self," *Cognitive Psychology* 93 (2017): 1–17.

20. 严格来说，你还需要第三组人群作为"对照组"，仅需对他们进行长期观察，而不施加任何干预措施。不过，为了使文本中的例子更易于理解，我们考虑只需要两组参与者。

21. 参见：J. L. Rutt and C. E. Löckenhoff, "From Past to Future: Temporal Self-Continuity Across the Life Span," *Psychology and Aging* 31, no. 6 (2016): 631-639; 以及 C. E. Löckenhoff and J. L. Rutt, "Age Differences in Self-Continuity: Converging Evidence and Directions for Future Research," *Gerontologist* 57, no. 3 (2017): 396-408。

22. E. Rude, J. S. Reiff, and H. E. Hershfield, "Life Shocks and Perceptions of Continuity" (UCLA working paper, July 2022).

23. Bartels and Urminsky, "On Intertemporal Selfishness."

24. V. S. Periyakoil, E. Neri, and H. Kraemer, "A Randomized Controlled Trial Comparing the Letter Project Advance Directive to Traditional Advance Directive," *Journal of Palliative Medicine* 20, no. 9 (2017): 954-965.

25. A. A. Wright, B. Zhang, A. Ray, et al., "Associations Between End-of-Life Discussions, Patient Mental Health, Medical Care Near Death, and Caregiver Bereavement Adjust-ment," *Journal of the American Medical Association* 300, no. 14 (2008): 1665-1673.

26. D. Parfit, *Reasons and Persons* (Oxford: Oxford University Press, 1984), 281-282.

第四章

1. 这个彩票示例取自马登和约翰逊关于短期行为倾向与未来收益折现关系的一个易于理解的研究综述。G. J. Madden and P. S. Johnson, "A Delay-Discounting Primer," in *Impulsivity: The Behavioral and Neurological Science of Discounting*, ed. G. J. Madden and W. K. Bickel (Washington, DC: American Psychological Association, 2010), 11-37.

2. 具体而言，经济学家和心理学家将这种趋势称作"时间贴现"。有关这一概念，大量文献试图深入阐述其行为的本质，这不仅出于学术探究的需要，也有助于我们更加准确地预测人们在面对不同选择时的行为模式，以及他们在不同时间段内的决策变化。以我一直讨论的例子来说，如果一笔更大的奖励被安排在更远的未来，你可能愿意接受更少但可以即时取得的现金。例如，如果1000美元的奖励推迟到一年后而非半年后兑现，你或许会接受现在给你950美元，而不是之前的990美元。这种行为体现了"指数贴现"模式，即你对未来奖励的价值判断以固定比例递减。关于时间贴现的不同形态以及过去几十年来围绕这一主题所进行的研究，内容丰富到足以编纂成书，研究对象仅不包括人类，还涉及鸽子等其他物种。在本章中，我尽量涵现在自我和未来自我关系最紧密的核心见解。所以在这一过程中，我不得不省略一些由众多专业研究者揭示的细节。如果你希望深入了解更多，可以在以下文章中找到关于"跨时期行为"的简洁明了的概述：G. Zauberman and O. Urmin-sky, "Consumer Intertemporal Preferences," *Current Opinion in Psychology* 10 (August 2016): 136–141。

3. Josh Eels, "Night Club Royale," *The New Yorker*, September 23, 2013, https://www.newyorker.com/magazine/2013/09/30/night-club-royale。

4. 更专业地说，与指数贴现不同，双曲贴现（hyperbolic discounting）意味着当两个奖励的间隔较短时（也就是说，当两个奖励中较小的那个更接近当下时，正如我在正文中所解释的），未来奖励的贴现价值会变得更高。然而，当两个可选奖励之间存在时间差时，未来奖励的贴现价值会变低（即对未来的贴现不会那么剧烈）。双曲贴现模型的起源可以追溯至以下研究：R. H. Strotz, "Myopia and Inconsistency in Dynamic Utility Maximization," *Review of Economic Studies* 23, no. 3 (1955): 165–180。

5. 这项研究的参与者不多，但我之所以在此特别强调它，是因为它代表了检验双曲贴现现象最清晰直接的研究方法之一（K. N. Kirby and R. J. Herrnstein, "Preference Reversals Due to Myopic Discounting of Delayed Reward," *Psychological Science* 6, no. 2 [1995]: 83–89）。在另一项具有代表性的实验中，当较小的奖励在26周后能够获得时，只有略微超过1/3的参与者选择了它而非更大的奖励。然而,当这个较小的奖励能够立即得到时,高达 4/5 的参与者选择了它而放弃了更大的奖励 (G. Keren and P. Roelofsma, "Immediacy and Certainty in Intertemporal Choice," *Organizational Behavior and Human Decision Processes* 63, no. 3 [1995]: 287–297)。

6. D. Read and B. Van Leeuwen, "Predicting Hunger: The Effects of Appetite and Delay on Choice," *Organizational Behavior and Human Decision Processes* 76, no. 2 (1998): 189–205.

7. 然而,需要指出的是,虽然双曲贴现的概念看似合理,但在实验室环境中验证它却颇具挑战性。在对这一理念进行的一项严谨测试中,参与者不仅被要求考虑那些具有较短或较长等待时间的奖励,还要在测试中的不同时间点做出选择,这种测试被称为纵向测试。具体来说,参与者最初被询问是愿意在一天之内得到一笔钱,还是在一周后得到更多的钱(例如,选择一周后获得 20 美元,还是两周后获得 21 美元)。随后的一周,他们面临一系列与之前选择相匹配的新选项。在这项关于双曲贴现的测试中,研究者并未发现偏好逆转的现象。参见:D. Read, S. Frederick, and M. Airoldi, "Four Days Later in Cincinnati: Longitudinal Tests of Hyperbolic Discounting," *Acta Psychologica* 140, no. 2 [2012]: 177–185。当前研究所揭示的关键信息可能是,在面对即时小额奖励时,人们不一定总会改变他们的选择偏好。而且,如第九章所讨论的,在某些情况下,人们甚至表现出对后期较大奖励的过分偏好,尽管这种行为有时会导致不那么理想的结果。

8. J. M. Rung and G. J. Madden, "Experimental Reductions of Delay Discounting and Impulsive Choice: A Systematic Review and Meta-Analysis," *Journal of Experimental Psychology: General* 147, no. 9 (2018): 1349–1381.

9. L. Green, E. B. Fisher, S. Perlow, and L. Sherman, "Preference Reversal and Self Control: Choice as a Function of Reward Amount and Delay," *Behaviour Analysis Letters* 1, no. 1 (1981): 43–51.

10. 对于人类、大鼠和鸽子在贴现行为上的相似之处和不同之处的综述,请参见：A. Vanderveldt, L. Oliveira, and L. Green, "Delay Discounting: Pigeon, Rat, Human—Does It Matter?," *Journal of Experimental Psychology: Animal Learning and Cognition* 42, no. 2 (2016): 141-162。

11. F. C. Conybeare, J. R. Harris, and A. S. Lewis, *The Story of Ahikar from the Syriac, Arabic, Armenian, Ethiopic, Greek and Slavonic Versions* (London: C. J. Clay and Sons, 1898), 6.

12. 约翰·蒙泰罗索是一位任职于南加利福尼亚大学的神经科学教授，也是成瘾与自我控制研究领域的权威人士。他向我提出，在某些情况下，迅速选择当前确定的赌注在某种程度上是"理性"的。偏好的转变，追求一个较小但立即可得到的奖励，展现了一种灵活性，这种灵活性在过去可能是——并且在未来也持续是——一种对许多物种有益的适应性特征。

13. 双曲贴现受多种因素影响的这一警示是由佐伯曼和伍明斯基在他们的综述文章《消费者跨时期偏好》中提出的。我认为这是一个尤其值得深思的观点：正如我们所见的不适应行为并没有简单的解释一样，这里同样也不存在简单的解决之道。不过，从乐观的角度来看，正是因为存在多种可能的解释，才为采取多种可能的干预方式提供了机会（这一点我在书中的最后一部分进行回顾）。

14. E. W. Dunn, D. T. Gilbert, and T. D. Wilson, "If Money Doesn't Make You Happy, Then You Probably Aren't Spending It Right," *Journal of Consumer Psychology* 21, no. 2 (2011): 115-125; quote, 121.

15. G. Loewenstein, "Out of Control: Visceral Influences on Behavior," *Organizational Behavior and Human Decision Processes* 65, no. 3 (1996): 272-292.

16. 关于这些系统的更详细的讨论，请参见：S. M. McClure, D. I. Laibson, G. Loewenstein, and J. D. Cohen, "Separate Neural Systems Value Immediate and Delayed Monetary Rewards," *Science* 306, no. 5695 (2004): 503-507。

17. F. Lhermitte, "Human Autonomy and the Frontal Lobes. Part II: Patient Behavior in Complex and Social Situations: The 'Environmental Dependency Syndrome,' " *Annals of Neurology* 19, no. 4 (1986): 335–343. (我最初发现这篇论文是通过观看塞缪尔·麦克卢尔的线上课程，他是亚利桑那州立大学的心理学教授。)

18. B. Shiv and A. Fedorikhin, "Heart and Mind in Conflict: The Interplay of Affect and Cognition in Consumer Decision Making," *Journal of Consumer Research* 26, no. 3 (1999): 278–292.

19. 遵循这一研究方向，最新的研究发现，手机仅仅存在就可能降低社交互动的愉悦感。那些被随机指派将手机摆在面前（而不是将其收走）的研究参与者报告说，他们感到更加容易分心，这导致他们难以全身心投入与社交伙伴的交流中。R. J. Dwyer, K. Kushlev, and E. W. Dunn, "Smartphone Use Undermines Enjoyment of Face-to-Face Social Interactions," *Journal of Experimental Social Psychology* 78 (2018): 233–239.

20. S. Mirsky, "Einstein's Hot Time," *Scientific American* 287, no. 3 (2002): 102.

21. G. Zauberman, B. K. Kim, S. A. Malkoc, and J. R. Bettman, "Discounting Time and Time Discounting: Subjective Time Perception and Intertemporal Preferences," *Journal of Marketing Research* 46, no. 4 (2009): 543–556.

22. A. Alter, "Quirks in Time Perception," *Psychology Today*, April 13, 2010, https://www.psychologytoday.com/us/blog/alternative-truths/201004/quirks-in-time-perception.

23. B. K. Kim and G. Zauberman, "Perception of Anticipatory Time in Temporal Discounting," *Journal of Neuroscience, Psychology, and Economics* 2, no. 2 (2009): 91–101.

24. 在前一章，我提到了一项研究，该研究着重探讨了从当下算起的3个月后的未来自我。确实，这是一个讨论未来自我的关键时间段。然而，当我们讨论当下时，核心的洞见是我们可以用多种不同的方式来定义"当下"。在与萨姆·马利奥的合作研究中，我们有意识地保持了中立和开放性，我们邀请研究参与者向我们阐述他们通常对"当下"这一时间概念的理解。正如我在本书序言中指出的，在追求长期计划的过程中，我们可能会存在多个"当下"的阶段（承载着当前的自我），这些阶段又分别孕育着不同的"未来"（承载着未来的自我）。至关重要的是，要意识到你所处的特定决策背景，以及与之相关的各种"当下"和"未来"。对探讨"当下"何时结束这类问题的更多研究细节，请参见：H. E. Hershfield and S. J. Maglio, "When Does the Present End and the Future Begin?," *Journal of Experimental Psychology: General* 149, no. 4 (2020): 701–718; and S. J. Maglio and H. E. Hershfield, "Pleas for Patience from the Cumulative Future Self," *Behavioral and Brain Sciences* 44 (2021): 38–39。

25. Figure created by Neil Bage based on data from Hershfield and Maglio, "When Does the Present End and the Future Begin ?" 总百分比超过了100%，因为他们将原数据四舍五入了。

第五章

1. J. M'Diarmid, ed., *The Scrap Book: A Collection of Amusing and Striking Pieces, in Prose and Verse: With an Introduction, and Occasional Remarks and Contributions* (London: Oliver & Boyd, Tweeddale-Court, and G. & W. B. Whittaker, 1825).

2. 这个故事从未经过官方验证。然而，正如一位历史学家所言，在所有关于歌剧《唐璜》的传说里，这则传说最为经久不衰，"或许这是因为可能确有其事"。J. Rushton, *W. A. Mozart: Don Giovanni* (Cambridge: Cambridge University Press, 1981), 3. 也可以参见：M. Solomon, *Mozart: A Life* (New York: Harper Collins, 1995。我要感谢简·伯恩斯坦让我关注到这项研究。

3. J. R. Ferrari, J. O'Callaghan, and I. Newbegin, "Prevalence of Procrastination in the United States, United Kingdom, and Australia:

Arousal and Avoidance Delays Among Adults," *North American Journal of Psychology* 7, no. 1 (2005): 1–6.

4. 这一数据出自研究者蒂姆·皮切尔在其个人网站上开展的一项非正式投票调查。

5. F. Sirois and T. Pychyl, "Procrastination and the Priority of Short-Term Mood Regulation: Consequences for Future Self," *Social and Personality Psychology Compass* 7, no. 2 (2013): 115–127.

6. 拖延现象与多次推迟约定行为有关，包括就医 (F. M. Sirois, M. L. Melia-Gordon, and T. A. Pychyl, "'I'll Look After My Health, Later': An Investigation of Procrastination and Health," *Personality and Individual Differences* 35, no. 5 [2003]: 1167–1184)、牙科护理 (F. M. Sirois, "'I'll Look After My Health, Later': A Replication and Extension of the Procrastination-Health Model with Community-Dwelling Adults," *Personality and Individual Differences* 43, no. 1 [2007]: 15–26) 和心理治疗 (R. Stead, M. J. Shanahan, and R. W. Neufeld, "'I'll Go to Therapy, Eventually': Procrastination, Stress and Mental Health," *Personality and Individual Differences* 49, no. 3 [2010]: 175–180)。

7. C. Lieberman, "Why You Procrastinate (It Has Nothing to Do with Self-Control)," *New York Times*, March 25, 2019, https://www.nytimes.com/2019/03/25/smarter-living/why-you-procrastinate-it-has-nothing-to-do-with-self-control.html.

8. 在他们的研究中，布劳因-休顿和皮切尔特别关注了积极情绪与消极情绪状态。他们的研究是基于相关性分析的。由于这一领域的研究人员仍在不断开展新的研究，我选择聚焦于最关键的发现：简而言之，那些能够清晰地想象未来的人倾向于较少拖延，那些感到与未来自我有所联系的人同样也很少拖延。E. M. C. Blouin-Hudon and T. A. Pychyl, "Experiencing the Temporally Extended Self: Initial Support for the Role of Affective States, Vivid

Mental Imagery, and Future Self-Continuity in the Prediction of Academic Procrastination," *Personality and Individual Differences* 86 (November 2015): 50–56.

9. 特别要指出的是，并不是说那些在首次考试中获得更好成绩的学生，就一定是那些更容易原谅自己拖延行为的人。M. J. Wohl, T. A. Pychyl, and S. H. Bennett, "I Forgive Myself, Now I Can Study: How Self-Forgiveness for Procrastinating Can Reduce Future Procrastination," *Personality and Individual Differences* 48, no. 7 (2010): 803–808。此外，其他研究也探讨了自我宽恕与拖延行为之间的联系 (L. Martinčeková and R. D. Enright, "The Effects of Self-Forgiveness and Shame-Proneness on Procrastination: Exploring the Mediating Role of Affect," *Current Psychology* 39, no. 2 [2020]: 428–437)。虽然教会某人自我宽恕似乎应该是一个简单的过程——毕竟，在赌博等其他问题行为领域，已有研究验证了这一点——但目前还没有经过严格验证的研究来专门深入分析教会人们自我宽恕的方法及其对后续拖延行为的影响。

10. M. J.Wohl and K. J. McLaughlin, "Self-Forgiveness: The Good, the Bad, and the Ugly," *Social and Personality Psychology Compass* 8, no. 8 (2014): 422–435.

11. K. S. Kassam, D. T. Gilbert, A. Boston, and T. D. Wilson, "Future Anhedonia and Time Discounting," *Journal of Experimental Social Psychology* 44, no. 6 (2008): 1533–1537. 我们常常将事务推迟至明天，或者"不周详地规划我们的行动"，其中一个关键因素是我们经常低估了未来情感体验的力量。值得注意的是，我们并不总是低估未来的情感体验。实际上，在某些时刻，我们甚至可能高估了未来的情绪反应强度（比如，一次预想的分手体验可能比实际经历时显得更糟糕）。P. W. Eastwick, E. J. Finkel, T. Krishnamurti, and G. Loewenstein, "Mispredicting Distress Following Romantic Breakup: Revealing the Time Course of the Affective Forecasting Error," *Journal of*

Experimental Social Psychology 44, no. 23 [2008]: 800–807).

12. 在对即将到来的约会体验做出预测之后，每位女性都获得了她们之前未曾获得的信息（具体来说，那些最初只看到男性约会档案的女性随后收到了替代性评价报告，而那些最初只看到替代性评价报告的女性则收到了男性的约会档案）。这样一来，每位女性赴约时都得到了相同的信息。

13. D. T. Gilbert, M. A. Killingsworth, R. N. Eyre, and T. D. Wilson, "The Surprising Power of Neighborly Advice," *Science* 323, no. 5921 (2009): 1617–1619.

14. F. de La Rochefoucauld, *Collected Maxims and Other Reflections* (Oxford: Oxford University Press, 2007).

15. P. Khambatta, S. Mariadassou, and S. C. Wheeler, "Computers Can Predict What Makes People Better Off Even More Accurately Than They Can Themselves" (UCLA working paper, 2021).

16. D. Wallace, *Yes Man* (New York: Simon & Schuster, 2005).

17. G. Zauberman and J. G. Lynch Jr., "Resource Slack and Propensity to Discount Delayed Investments of Time Versus Money," *Journal of Experimental Psychology: General* 134, no. 1 (2005): 23–37. 在最初的论文中，佐伯曼和林奇证明了人们往往预期未来会有更多的"缓冲"——某种资源（比如空闲时间）的过剩，对时间资源的预期比对金钱资源的预期更为乐观。虽然人们对金钱也存在"缓冲"效应，认为未来会有更多可用资金，但这种效应并不像对时间那样显著。为何会这样？可能是因为我们更擅长评估自己的财务需求。从现在到将来的某个时点，我们的财务负担可能是相对恒定的（我们知道下个月要支付与现在同样金额的账单）。

第六章

1. J. Bote, "In 1998, These Men Got a Tattoo to Snag Free Tacos for Life. Here's What Happened After," *SF Gate*, September 20, 2021, https://www.sfgate.com/food/article/ casa-sanchez-tattoos-free-meal-promo-san-franc

isco-16465800.php.

2. L. Shannon-Missal, "Tattoo Takeover: Three in Ten Americans Have Tattoos, and Most Don't Stop at Just One," Harris Poll, February 2016, https://www.prnewswire.com/news-releases/tattoo-takeover-three-in-ten-americans-have-tattoos-and-most-dont-stop-at-just-one-300217862.html. 这项调研涵盖了2225名美国成年人，为了评估人们是否对文身感到遗憾，参与者被询问是否有过对某个文身感到后悔的经历。23%的人表示他们确实后悔过。另一项调研则发现了一个较低的后悔比例(8%)，不过被询问的是对所有文身的整体是否后悔，而非仅限于某一个特定文身(Ipsos, "More Americans Have Tattoos Today Than Seven Years Ago," press release, 2019, https://www.ipsos.com/sites/default/files/ct/news/documents/2019-08/tattoo-topline-2019-08-29-v2_0.pdf)。

3. WantStats Research and Media, "Tattoo Removal Market," Market Research Future, 2021, https://www.marketresearchfuture.com/reports/tattoo-removal-market-1701.

4. R. Morlock, "Tattoo Prevalence, Perception and Regret in U.S. Adults: A 2017 Cross-Sectional Study," *Value in Health* 22 (2019): S778.

5. R. Partington, "Nobel Prize in Economics Due to Be Announced," *Guardian*, October 9, 2017, https://www.theguardian.com/world/2017/oct/09/nobel-economics-prize-due-to-be-announced.

6. 勒文施泰因首次在一篇论文中提出了这些观点，该论文主题为本能因素，我在第四章简单提及过。G. Loewenstein, "Out of Control: Visceral Influences on Behavior," *Organizational Behavior and Human Decision Processes* 65, no. 3 (1996): 272–292。

7. G. J. Badger, W. K. Bickel, L. A. Giordano, E. A. Jacobs, G. Loewenstein, and L. Marsch, "Altered States: The Impact of Immediate Craving on the Valuation of Current and Future Opioids," *Journal of Health Economics* 26,

no. 5 (2007): 865–876.

8. G. Loewenstein, T. O'Donoghue, and M. Rabin, "Projection Bias in Predicting Future Utility," *Quarterly Journal of Economics* 118, no. 4 (2003): 1209–1248.

9. D. Read and B. Van Leeuwen, "Predicting Hunger: The Effects of Appetite and Delay on Choice," *Organizational Behavior and Human Decision Processes* 76, no. 2 (1998): 189–205. 我在第四章重点介绍了这项研究，它不仅揭示了饥饿如何影响人们选择食物，还展示了偏好是如何随着时间的推移而发生逆转的。

10. M. R. Busse, D. G. Pope, J. C. Pope, and J. Silva-Risso, "The Psychological Effect of Weather on Car Purchases," *Quarterly Journal of Economics* 130, no. 1 (2015): 371–414. 这篇论文的早期版本还发现，其影响同样适用于房地产市场：拥有游泳池的房子在夏季的销售价格相较于冬季大约高出0.4%。

11. J. Lee, "The Impact of a Mandatory Cooling-Off Period on Divorce," *Journal of Law and Economics* 56, no. 1 (2013): 227–243.

12. K. Haggag, R. W. Patterson, N. G. Pope, and A. Feudo, "Attribution Bias in Major Decisions: Evidence from the United States Military Academy," *Journal of Public Economics* 200 (August 2021): 104445. 这篇文章为现有关于预测偏差的文献提供了新的视角。在选择专业时，学生们需要努力回想他们对之前所学课程的情感体验。在这个案例中，学生们回想起了过去的疲惫感，并将这种感觉错误地归咎于学科本身，随后又将这种感受投射到对未来学习体验的预期上。哈格及其同事通过这项研究揭示了一种特殊的预测偏差现象，即我们在预测未来时，过分依赖于对过去自我感受的记忆。

13. 以下研究成果支持了他的观点：关于大学专业对幸福感的影响，参见：M. Wiswall and B. Zafar, "Determinants of College Major Choice: Identification Using an Information Experiment," *Review of Economic Studies* 82, no. 2 (2015): 791–824。关于大学专业对未来收入的影响，参见：L. J. Kirkeboen,

E. Leuven, and M. Mogstad, "Field of Study, Earnings, and Self-Selection," *Quarterly Journal of Economics* 131, no. 3 (2016): 1057–1111。

14. M. Kaufmann, "Projection Bias in Effort Choices," *arXiv preprint arXiv: 2104.04327*, 2021, https://arxiv.org/abs/2104.04327.

15. L. F. Nordgren, F. V. Harreveld, and J. V. D. Pligt, "The Restraint Bias: How the Illusion of Self-Restraint Promotes Impulsive Behavior," *Psychological Science* 20, no. 12 (2009): 1523–1528.

16. J. Quoidbach, D. T. Gilbert, and T. D. Wilson, "The End of History Illusion," *Science* 339, no. 6115 (2013): 96–98.

17. J. Quoidbach, D. T. Gilbert, and T. D. Wilson, "Your Life Satisfaction Will Change More Than You Think: A Comment on Harris and Busseri (2019)," *Journal of Research in Personality* 86 (June 2020): 103937. 进一步的研究证实了这一结论：在一项涉及近4万名巴西人的研究中，研究者发现，在12~65岁的人生阶段，人们的价值观经历了重大的转变 (V. V. Gouveia,K. C. Vione, T. L. Milfont, and R. Fischer, "Patterns of Value Change During the Life Span: Some Evidence from a Functional Approach to Values," *Personality and Social Psychology Bulletin* 41, no. 9 [2015]: 1276–1290)。

18. Quoidbach, Gilbert, and Wilson, "The End of History Illusion," 98.

19. E. O'Brien and M. Kardas, "The Implicit Meaning of (My) Change," *Journal of Personality and Social Psychology* 111, no. 6 (2016): 882–894.

20. R. F. Baumeister, D. M. Tice, and D. G. Hutton, "Self-Presentational Motivations and Personality Differences in Self-Esteem," *Journal of Personality* 57, no. 3 (1989): 547–579; and R. F. Baumeister, J. D. Campbell, J. I. Krueger, and K. D. Vohs, "Does High Self-Esteem Cause Better Performance, Interpersonal Success, Happiness, or Healthier Life-styles?," *Psychological Science in the Public Interest* 4, no. 1 (2003): 1–44.

21. S. Vazire and E. N. Carlson, "Self-Knowledge of Personality: Do People Know Themselves?," *Social and Personality Psychology Compass* 4, no. 8 (2010): 605–620.

22. 在一次对话中，奎德巴赫向我提出了一个新的见解，这是他在最近进行的一项长期研究中发现的：我们在思考自己随时间推移而发生的变化时，可能有两种不同的变化。比如，你可能会变得更加认真负责，或者变得不那么认真。由于在预测未来时我们无法知晓变化的具体方向，我们可能会将这两种可能性相互抵消，同时预测自己不会有显著变化，或者变化微乎其微。

23. G. G. Van Ryzin, "Evidence of an 'End of History Illusion' in the Work Motivations of Public Service Professionals," *Public Administration* 94, no. 1 (2016): 263–275.

24. J. Mooallem, "One Man's Quest to Change the Way We Die," *New York Times*, January 3, 2017, https://www.nytimes.com/2017/01/03/magazine/one-mans-quest-to-change-the-way-we-die.html.

25. 例子请参见：B. J. Miller, "What Really Matters at the End of Life," filmed March 2015 in Vancouver, BC, TED video, 18: 59, https://www.ted.com/talks/bj_miller_what_really_matters_at_the_end_of_life.

26. M. S. North and S. T. Fiske, "Modern Attitudes Toward Older Adults in the Aging World: A Cross-Cultural Meta-Analysis," *Psychological Bulletin* 141, no. 5 (2015): 993–1021.

27. K. N. Yadav, N. B. Gabler, E. Cooney, et al., "Approximately One in Three US Adults Completes Any Type of Advance Directive for End-of-Life Care," *Health Affairs* 36, no. 7 (2017): 1244–1251.

28. M. L. Slevin, H. Plant, D. A. Lynch, J. Drinkwater, and W. M. Gregory, "Who Should Measure Quality of Life, the Doctor or the Patient?," *British Journal of Cancer* 57, no. 1 (1988): 109–112.

29. D. J. Lamas, "When Faced with Death, People Often Change Their Minds,"

New York Times, January 3, 2022, https://www.nytimes.com/2022/01/03/opinion/advance-directives-death.html.

第七章

1. P. Slovic, D. Västfjäll, A. Erlandsson, and R. Gregory, "Iconic Photographs and the Ebb and Flow of Empathic Response to Humanitarian Disasters," *Proceedings of the National Academy of Sciences* 114, no. 4 (2017): 640–644.
2. S. Slovic and P. Slovic, "The Arithmetic of Compassion," *New York Times*, December 4, 2015, https://www.nytimes.com/2015/12/06/opinion/the-arithmetic-of-compassion.html.
3. D. A. Small, "Sympathy Biases and Sympathy Appeals: Reducing Social Distance to Boost Charitable Contributions," in *Experimental Approaches to the Study of Charity*, ed. D. M. Oppenheimer and C. Y. Olivola (New York: Taylor & Francis, 2011), 149–160.
4. D. A. Small and G. Loewenstein, "Helping a Victim or Helping the Victim: Altruism and Identifiability," *Journal of Risk and Uncertainty* 26, no. 1 (2003): 5–16. See also D. A. Small, "On the Psychology of the Identifiable Victim Effect," in *Identified Versus Statistical Lives: An Interdisciplinary Perspective*, ed. I. G. Cohen, N. Daniels, and N. Eyal (Oxford: Oxford University Press, 2015), 13–16.
5. J. Galak, D. Small, and A. T. Stephen, "Microfinance Decision Making: A Field Study of Prosocial Lending," *Journal of Marketing Research* 48, special issue (2011): S130–S137.
6. A. Genevsky, D. Västfjäll, P. Slovic, and B. Knutson, "Neural Underpinnings of the Identifiable Victim Effect: Affect Shifts Preferences for Giving," *Journal of Neuroscience* 33, no. 43 (2013): 17188–17196.
7. B. Jones and H. Rachlin, "Social Discounting," *Psychological Science*

17, no. 4 (2006): 283–286; T. Strombach, B. Weber, Z. Hangebrauk, et al., "Social Discounting Involves Modulation of Neural Value Signals by Temporoparietal Junction," *Proceedings of the National Academy of Sciences of the United States of America* 112, no. 5 (2015): 1619–1624.

8. H. E. Hershfield, D. G. Goldstein, W. F. Sharpe, et al., "Increasing Saving Behavior Through Age-Progressed Renderings of the Future Self," *Journal of Marketing Research* 48, special issue (2011): S23–S37.

9. Hunter (@Hunter-Mitchel14), "I signed up for my company's 401k, but I'm nervous because I've never run that far before," Twitter, July 9, 2019, 7: 19 p.m., https: //twitter.com/huntermitchel14/status/1148733329245528065?lang=en.

10. J. D. Robalino, A. Fishbane, D. G. Goldstein, and H. E. Hershfield, "Saving for Retirement: A Real-World Test of Whether Seeing Photos of One's Future Self Encourages Contributions," *Behavioral Science and Policy* (2022). 储蓄行为的提升幅度相对较小，1.7% 的人看到自己未来形象后选择进行储蓄，而没有看到未来形象的客户中只有 1.5% 的人选择储蓄。(具体来说，我们观察到，仅通过电子邮件和短信进行的干预措施带来了 16% 的增长，这在通常是难以达到的。) 而储蓄金额的提升幅度则更为明显：与未来自我互动的客户群体储蓄总额增加了 54%，达到 1675974 比索，而没有与自己未来形象互动的客户群体的储蓄总额则为 1087422 比索。

11. T. Sims, S. Raposo, J. N. Bailenson, and L. L. Carstensen, "The Future Is Now: Age-Progressed Images Motivate Community College Students to Prepare for Their Financial Futures," *Journal of Experimental Psychology: Applied* 26, no. 4 (2020): 593–603.

12. A. John and K. Orkin, "Can Simple Psychological Interventions Increase Preventive Health Investment?" (NBER Working Paper 25731, 2021).

13. N. Chernyak, K. A. Leech, and M. L. Rowe, "Training Preschoolers'

Prospective Abilities Through Conversation About the Extended Self," *Developmental Psychology* 53, no. 4 (2017): 652–661.

14. S. Raposo and L. L. Carstensen, "Can Envisioning Your Future Improve Your Health?," *Innovation in Aging* 2, supplement 1 (2018): 907.

15. J. L. van Gelder, H. E. Hershfield, and L. F. Nordgren, "Vividness of the Future Self Predicts Delinquency," *Psychological Science* 24, no. 6 (2013): 974–980.

16. J. L. van Gelder, E. C. Luciano, M. Weulen Kranenbarg, and H. E. Hershfield, "Friends with My Future Self: Longitudinal Vividness Intervention Reduces Delinquency," *Criminology* 53, no. 2 (2015): 158–179.

17. J. L. van Gelder, L. J. Cornet, N. P. Zwalua, E. C. Mertens, and J. van der Schalk, "Interaction with the Future Self in Virtual Reality Reduces Self-Defeating Behavior in a Sample of Convicted Offenders," *Scientific Reports* 12, no. 1 (2022): 1–9.

18. M. No, "18 FaceApp Tweets That Are as Funny as They Are Accurate," *BuzzFeed*, July 18, 2019, https://www.buzzfeed.com/michelleno/funny-faceapp-tweets?bftw&utm_term=4ldqpfp#4ldqpfp.

19. 这一点我之前也提到过：H. E. Hershfield, "A Lesson from FaceApp: Learning to Relate to the Person We Will One Day Become," *Los Angeles Times*, July 26, 2019, https://www.latimes.com/opinion/story/2019-07-26/hershfield-faceapp-relating-to-our-future-selves。

20. D. M. Bartels and O. Urminsky, "To Know and to Care: How Awareness and Valuation of the Future Jointly Shape Consumer Spending," *Journal of Consumer Research* 41, no. 6 (2015): 1469–1485.

21. A. Napolitano, "'Dear Me': A Novelist Writes to Her Future Self," *New York Times*, January 24, 2020, https://www.nytimes.com/2020/01/24/books/review/emily-of-new-moon-montgomery-letters-ann-napolitano.html.

22. A. M. Rutchick, M. L. Slepian, M. O. Reyes, L. N. Pleskus, and H. E. Hershfield, "Future Self-Continuity Is Associated with Improved Health and Increases Exercise Behavior," *Journal of Experimental Psychology: Applied* 24, no. 1 (2018): 72–80.

23. A. Shah, D. M. Munguia Gomez, A. Fishbane, and H. E. Hershfield, "Testing the Effectiveness of a Future Selves Intervention for Increasing Retirement Saving: Evidence from a Field Experiment in Mexico" (University of Toronto working paper, 2022).

24. Y. Chishima, I. T. Huai-Ching Liu, and A. E. Wilson, "Temporal Distancing During the COVID-19 Pandemic: Letter Writing with Future Self Can Mitigate Negative Affect," *Applied Psychology: Health and Well-Being* 13, no. 2 (2021): 406–418.

25. Y. Chishima and A. E. Wilson, "Conversation with a Future Self: A Letter-Exchange Exercise Enhances Student Self-Continuity, Career Planning, and Academic Thinking," *Self and Identity* 20, no. 5 (2021): 646–671.

26. K. L. Christensen, H. E.Hershfield, and S. J. Maglio, "Back to the Present: How Direction of Mental Time Travel Affects Thoughts and Behavior" (UCLA working paper, 2022).

27. P. Raghubir, V. G. Morwitz, and A. Chakravarti, "Spatial Categorization and Time Perception: Why Does It Take Less Time to Get Home?," *Journal of Consumer Psychology* 21, no. 2 (2011): 192–198.

28. N. A. Lewis Jr. and D. Oyserman, "When Does the Future Begin? Time Metrics Matter, Connecting Present and Future Selves," *Psychological Science* 26, no. 6 (2015): 816–825.

第八章

1. J. Cannon, "My Experience with Antabuse," Alexander DeLuca, MD,

addiction, pain, and public health website, September 2004, https://doctordeluca.com/Library/AbstinenceHR/MyExperience WithAntabuse04.htm. 我于 2021 年 6 月 25 日最后一次访问该网站，但现在网站似乎已经无法访问了。我在采访德卢卡博士时向他求证了这个故事的细节。

2. J. Cannon, "My Experience with Antabuse."
3. J. Cannon, "My Experience with Antabuse."
4. Substance Abuse and Mental Health Services Administration, "2019 National Survey on Drug Use and Health," 2019, https://www.samhsa.gov/data/sites/default/files/reports/rpt29394/NSDUHDetailedTabs2019/NSDUHDetTabsSect5pe2019.htm#tab5-4a.
5. T. C. Schelling, "An Essay on Bargaining," *American Economic Review* 46, no. 3 (1956): 281–306.
6. V. Postrel, "A Nobel Winner Can Help You Keep Your Resolutions," *New York Times*, December 29, 2005, https://www.nytimes.com/2005/12/29/business/a-nobel-winner-can-help-you-keep-your-resolutions.html.
7. W. A. Reynolds, "The Burning Ships of Hernán Cortés," *Hispania* 42, no. 3 (1959): 317–324.
8. R. A. Gabriel, *The Great Armies of Antiquity* (Westport, CT: Greenwood, 2002). 我第一次看到这则趣事是在：S. J. Dubner and S. D. Levitt, "The Stomach-Surgery Conundrum," *New York Times*, November 18, 2007, http://www.nytimes.com/2007/11/18/magazine/18wwln-freakonomics-t.html?_r=1&ref=magazine&oref=slogin。
9. T. C. Schelling, "Self-Command in Practice, in Policy, and in a Theory of Rational Choice," *American Economic Review* 74, no. 2 (1984): 1–11.
10. J. Krasny, "The Creative Process of the Legendary Maya Angelou," *Inc.*, May 28, 2014, https://www.inc.com/jill-krasny/maya-angelou-creative-writing-process.html.

11. G. Bryan, D. Karlan, and S. Nelson, "Commitment Devices," *Annual Review of Economics* 2, no. 1 (2010): 671–698.
12. Bryan, Karlan, and Nelson, "Commitment Devices."
13. R. H. Thaler and S. Benartzi, "Save More Tomorrow ™ : Using Behavioral Economics to Increase Employee Saving," *Journal of Political Economy* 112, supplement 1 (2004): S164–S187.
14. A. Breman, "Give More Tomorrow: Two Field Experiments on Altruism and Intertemporal Choice," *Journal of Public Economics* 95, nos. 11–12 (2011): 1349–1357.
15. M. M. Savani, "Can Commitment Contracts Boost Participation in Public Health Programmes?," *Journal of Behavioral and Experimental Economics* 82 (2019): 101457.
16. J. Reiff, H. Dai, J. Beshears, and K. L. Milkman, "Save More Today or Tomorrow: The Role of Urgency and Present Bias in Nudging Pre-Commitment," *Journal of Marketing Research* (forthcoming), http://dx.doi.org/10.2139/ssrn.3625338.
17. F. Kast, S. Meier, and D. Pomeranz, "Under-Savers Anonymous: Evidence on Self-Help Groups and Peer Pressure as a Savings Commitment Device," National Bureau of Economic Research, no. w18417, 2012.
18. R. Bénabou and J. Tirole, "Willpower and Personal Rules," *Journal of Political Economy* 112, no. 4 (2004): 848–886.
19. JhanicManifold, "Extreme Precommitment: Towards a Solution to Akrasia," Reddit, September 5, 2020, https://www.reddit.com/r/TheMotte/comments/inUjbg/extreme_precommitment_towards_a_solution_to/.
20. W. Leith, "How I Let Drinking Take Over My Life," *Guardian*, January 5, 2018, https://www.theguardian.com/news/2018/jan/05/william-leith-alcohol-how-did-i-let-drinking-take-over-my-life.

21. M. Konnikova, "The Struggles of a Psychologist Studying Self-Control," *The New Yorker*, October 9, 2014, https://www.newyorker.com/science/maria-konnikova/struggles-psychologist-studying-self-control.

22. N. Ashraf, D. Karlan, and W. Yin, "Tying Odysseus to the Mast: Evidence from a Commitment Savings Product in the Philippines," *Quarterly Journal of Economics* 121, no. 2 (2006): 635–672.

23. P. Dupas and J. Robinson, "Savings Constraints and Microenterprise Development: Evidence from a Field Experiment in Kenya," *American Economic Journal: Applied Economics* 5, no. 1 (2013): 163–192; L. Brune, X. Giné, J. Goldberg, and D. Yang, "Commitments to Save: A Field Experiment in Rural Malawi" (World Bank Policy Research Working Paper 5748, 2011). 如果你对此感到好奇，想要检验限制性储蓄账户是否真的有效，最理想的方法是通过重要的成果来测试它们。然而，在发达国家，以数月的收入作为实验成本过于奢侈，因此这类特定的实验一般会在发展中国家开展。虽然涉及的金额较少，但它们的有效性与在发达国家进行的大额资金实验相比并无二致。

24. J. Schwartz, J. Riis, B. Elbel, and D. Ariely, "Inviting Consumers to Downsize Fast-Food Portions Significantly Reduces Calorie Consumption," *Health Affairs* 31, no. 2 (2012): 399–407.

25. A. Lobel, *Frog and Toad Together* (New York: Harper & Row, 1972), 41.

26. Schelling, "Self-Command in Practice."

27. A. L. Brown, T. Imai, F. Vieider, and C. F. Camerer, "Meta-Analysis of Empirical Estimates of Loss-Aversion" (CESifo Working Paper 8848, 2021), https://ssrn.com/abstract=3772089.

28. J. Schwartz, D. Mochon, L. Wyper, J. Maroba, D. Patel, and D. Ariely, "Healthier by Precommitment," *Psychological Science* 25, no. 2 (2014): 538–546.

29. X. Giné, D. Karlan, and J. Zinman, "Put Your Money Where Your Butt Is: A Commitment Contract for Smoking Cessation," *American Economic Journal: Applied Economics* 2, no. 4 (2010): 213–235.

30. J. Beshears, J. J. Choi, C. Harris, D. Laibson, B. C. Madrian, and J. Sakong, "Which Early Withdrawal Penalty Attracts the Most Deposits to a Commitment Savings Account?," *Journal of Public Economics* 183 (2020): 104144.

31. C. Brimhall, D. Tannenbaum, and E. M. Epps, "Choosing More Aggressive Commitment Contracts for Others Than for the Self" (University of Utah working paper, 2022).

32. Ashraf, Karlan, and Yin, "Tying Odysseus to the Mast."

33. S. Toussaert, "Eliciting Temptation and Self-Control Through Menu Choices: A Lab Experiment," *Econometrica* 86, no. 3 (2018): 859–889. See also H. Sjåstad and M. Ekström, "Ulyssean Self-Control: Pre-Commitment Is Effective, but Choosing It Freely Requires Good Self-Control" (Norwegian School of Economics working paper, 2022), https://psyarxiv.com/w24eb/download?format=pdf.

第九章

1. M. Hedberg, *Strategic Grill Locations* (Comedy Central Records, 2002).

2. Hedberg, *Strategic Grill Locations*.

3. C. Classen, L. D. Butler, C. Koopman, et al., "Supportive-Expressive Group Therapy and Distress in Patients with Metastatic Breast Cancer: A Randomized Clinical Intervention Trial," *Archives of General Psychiatry* 58, no. 5 (2001): 494–501.

4. D. Spiegel, H. Kraemer, J. Bloom, and E. Gottheil, "Effect of Psychosocial Treatment on Survival of Patients with Metastatic Breast Cancer," *Lancet* 334, no. 8668 (1989): 888–891.

5. D. Spiegel, L. D. Butler, J. Giese-Davis, et al., "Effects of Supportive-Expressive Group Therapy on Survival of Patients with Metastatic Breast Cancer: A Randomized Prospective Trial," *Cancer* 110, no. 5 (2007): 1130–1138.
6. 例如，可以参考施皮格尔及其团队进行的关于存活率的元分析研究。该研究显示，对已婚妇女、50 岁及以上的妇女，以及在癌症早期就接受此类治疗的患者来说，这些治疗方法具有更加积极的影响。参见：S. Mirosevic, B. Jo, H. C. Kraemer, M. Ershadi, E. Neri, and D. Spiegel, " 'Not Just Another Meta-Analysis': Sources of Heterogeneity in Psychosocial Treatment Effect on Cancer Survival," *Cancer Medicine* 8, no. 1 (2019): 363–373。关于该疗法的心理社会影响的元分析结果，参见：J. Lai, H. Song, Y. Ren, S. Li, and F. Xiao, "Effectiveness of Supportive-Expressive Group Therapy in Women with Breast Cancer: A Systematic Review and Meta-Analysis," *Oncology Research and Treatment* 44, no. 5 (2021): 252–260。
7. D. Spiegel, "Getting There Is Half the Fun: Relating Happiness to Health," *Psychological Inquiry* 9, no. 1 (1998): 66–68.
8. Spiegel, "Getting There Is Half the Fun."
9. J. T. Larsen, A. P. McGraw, and J. T. Cacioppo, "Can People Feel Happy and Sad at the Same Time?," *Journal of Personality and Social Psychology* 81, no. 4 (2001): 684–696; J. T. Larsen and A. P. McGraw, "The Case for Mixed Emotions," *Social and Personality Psychology Compass* 8, no. 6 (2014): 263–274; J. T. Larsen and A. P. McGraw, "Further Evidence for Mixed Emotions," *Journal of Personality and Social Psychology* 100, no. 6 (2011): 1095–1110.
10. J. M. Adler and H. E. Hershfield, "Mixed Emotional Experience Is Associated with and Precedes Improvements in Psychological Well-Being," *PLOS One* 7, no. 4 (2012): e35633, 3.

11. Adler and Hershfield, "Mixed Emotional Experience."
12. G. A. Bonanno and D. Keltner, "Facial Expressions of Emotion and the Course of Conjugal Bereavement," *Journal of Abnormal Psychology* 106, no. 1 (1997): 126–137.
13. S. Folkman and J. T. Moskowitz, "Positive Affect and the Other Side of Coping," *American Psychologist* 55, no. 6 (2000): 647–654.
14. R. Berrios, P. Totterdell, and S. Kellett, "Silver Linings in the Face of Temptations: How Mixed Emotions Promote Self-Control Efforts in Response to Goal Conflict," *Motivation and Emotion* 42, no. 6 (2018): 909–919.
15. S. Cole, B. Iverson, and P. Tufano, "Can Gambling Increase Savings? Empirical Evidence on Prize-Linked Savings Accounts," *Management Science* 68, no. 5 (2022): 3282–3308.
16. K. Milkman, *How to Change: The Science of Getting from Where You Are to Where You Want to Be* (New York: Penguin Random House, 2021).
17. K. L. Milkman, J. A. Minson, and K. G. Volpp, "Holding the Hunger Games Hostage at the Gym: An Evaluation of Temptation Bundling," *Management Science* 60, no. 2 (2014): 283–299.
18. E. L. Kirgios, G. H. Mandel, Y. Park, et al., "Teaching Temptation Bundling to Boost Exercise: A Field Experiment," *Organizational Behavior and Human Decision Processes* 161 (2020): 20–35.
19. A. Lieberman, A. C. Morales, and O. Amir, "Tangential Immersion: Increasing Persistence in Boring Consumer Behaviors," *Journal of Consumer Research* 49, no. 3 (2022): 450–472.
20. A. Lieberman, "How to Power Through Boring Tasks," *Harvard Business Review*, April 28, 2022, https://hbr.org/2022/04/research-how-to-power-through-boring-tasks.

21. H. Tan, "McDonald's Has Installed Exercise Bikes in Some of Its Restaurants in China So Customers Can Work Out and Charge Their Phones While Eating," *Insider*, December 22, 2021, https://www.businessinsider.com/mcdonalds-china-installed-exercise-bikes-in-some-restaurants-2021-12.

22. J. T. Gourville, "Pennies-a-Day: The Effect of Temporal Reframing on Transaction Evaluation," *Journal of Consumer Research* 24, no. 4 (1998): 395–408.

23. 例子可参见: B. C. Madrian and D. F. Shea, "The Power of Suggestion: Inertia in 401(k) Participation and Savings Behavior," *Quarterly Journal of Economics* 116, no. 4 (2001): 1149–1187。

24. H. E. Hershfield, S. Shu, and S. Benartzi, "Temporal Reframing and Participation in a Savings Program: A Field Experiment," *Marketing Science* 39, no. 6 (2020): 1039–1051. 需要指出的是，有些用户最终认识到，随着时间的推移，每天存5美元会积累成相当可观的储蓄。我们对用户进行了为期三个月的跟踪，的确，在大约一个月后，选择每天存5美元的群体中约有25%的人选择了退出，而每周存钱的群体和每月存钱的群体的退出率分别为15%和14%。但由于最初各组在报名人数上存在显著差异，即使退出率较高，每天存5美元的群体相比其他两组仍然有更多用户还在参与。此外，在最初干预后的两个月后和三个月后，三组的退出率都保持在较低水平，且大致相等。

25. S. A. Atlas and D. M. Bartels, "Periodic Pricing and Perceived Contract Benefits," *Journal of Consumer Research* 45, no. 2 (2018): 350–364.

26. J. Dickler, "Buy Now, Pay Later Is Not a Boom, It's a Bubble, Harvard Researcher Says," CNBC, May 13, 2022, https://www.cnbc.com/2022/05/13/buy-now-pay-later-is-not-a-boom-its-a-bubble-harvard-fellow-says-.html.

27. D. Gal and B. B. McShane, "Can Small Victories Help Win the War? Evidence from Consumer Debt Management," *Journal of Marketing Research* 49, no. 4 (2012): 487–501.

28. A. Rai, M. A. Sharif, E. Chang, K. Milkman, and A. Duckworth, "A Field Experiment on Goal Framing to Boost Volunteering: The Tradeoff Between Goal Granularity and Flexibility," *Journal of Applied Psychology* (2022), https://psycnet.apa.org/record/2023-01062-001.

29. S. C. Huang, L. Jin, and Y. Zhang, "Step by Step: Sub-Goals as a Source of Motivation," *Organizational Behavior and Human Decision Processes* 141 (July 2017): 1–15.

30. S. B. Shu and A. Gneezy, "Procrastination of Enjoyable Experiences," *Journal of Marketing Research* 47, no. 5 (2010): 933–944.

31. Danny Baldus-Strauss (@BackpackerFI), "Don't wait till you're this old to retire and travel the world," Twitter, September 20, 2021, 11:31 a.m., https://twitter.com/BackpackerFI/status/1439975578749345797?s=20.

32. L. Harrison, "Why We Ditched the FIRE Movement and Couldn't Be Happier," *MarketWatch*, October 1, 2019, https://www.marketwatch.com/story/why-we-ditched-the-fire-movement-and-couldnt-be-happier-2019-09-30.

33. R. Kivetz and A. Keinan, "Repenting Hyperopia: An Analysis of Self-Control Regrets," *Journal of Consumer Research* 33, no. 2 (2006): 273–282.

34. Harrison, "Why We Ditched the FIRE Movement."

35. C. Richards (@behaviorgap), "Spend the money...life experiences give you an incalculable return on investment," Twitter, May 15, 2020, 8:04 a.m., https://twitter.com/behaviorgap/status/1261266163931262976.《大西洋月刊》撰稿人德里克·汤普森近期提出了一个相似的观点:"那些将一生都用于延时满足的人，最终可能会发现自己虽然在储蓄上变得富有了，但在回忆

中变得贫穷了,因为在复利的祭坛上牺牲了太多的欢乐。"(D. Thompson, "All the Personal-Finance Books Are Wrong," *The Atlantic*, September 1, 2022, https://www.theatlantic.com/ideas/archive/2022/09/personal-finance-books-wrong/671298/.)值得注意的是,一些最新的学术研究为这些观点提供了支持:在一项相关性研究中,研究者发现,实验室任务中延时满足的倾向与幸福感之间呈现出"U"形的关系。恰如其分的耐心可能是达到最优幸福感的关键,而极度的耐心则与幸福感的降低有关。P. Giuliano and P. Sapienza, "The Cost of Being Too Patient," AEA Papers and Proceedings 110 (2020): 314–318.

后记

1. World Health Organization, "Mental Health and COVID-19: Early Evidence of the Pandemic's Impact; Scientific Brief," March 2, 2022, https://www.who.int/publications/i/item/WHO-2019-nCoV-Sci_Brief-Mental_health-2022.1.

2. Fidelity Investments, "2022 State of Retirement Planning," 2022, https://www.fidelity.com/bin-public/060_www_fidelity_com/documents/about-fidelity/FID-SORP-DataSheet.pdf.

3. A. P. Kambhampaty, "The World's a Mess. So They've Stopped Saving for Tomorrow," *New York Times*, May 13, 2022, https://www.nytimes.com/2022/05/13/style/saving-less-money.html.

4. A. L. Alter and H. E. Hershfield, "People Search for Meaning When They Approach a New Decade in Chronological Age," *Proceedings of the National Academy of Sciences of the United States of America* 111, no. 48 (2014): 17066–17070; and T. Miron-Shatz, R. Bhargave, and G. M. Doniger, "Milestone Age Affects the Role of Health and Emotions in Life Satisfaction: A Preliminary Inquiry," *PLOS One* 10, no. 8 (2015): e0133254.

5. A. Galinsky and L. Kray, "How COVID Created a Universal Midlife Crisis,"

Los Angeles Times, May 15, 2022, https://www.latimes.com/opinion/story/2022-05-15/covid-universal-midlife-crisis.
6. C. J. Corbett, H. E. Hershfield, H. Kim, T. F. Malloy, B. Nyblade, and A. Partie, "The Role of Place Attachment and Environmental Attitudes in Adoption of Rooftop Solar," *Energy Policy* 162 (2022): 112764.
7. H. E. Hershfield, H. M. Bang, and E. U. Weber, "National Differences in Environmental Concern and Performance Are Predicted by Country Age," *Psychological Science* 25, no. 1 (2014): 152–160.